日本語の科学が世界を変える　目次

日本語の科学が世界を変える

はじめに

益川敏英博士は、日本語でノーベル賞講演

「アイアムソーリー、アイキャンノットスピークイングリッシュ」

二〇〇八年一二月八日、ストックホルム大学大講堂におけるノーベル賞受賞講演会で、益川敏英（一九四〇～）京都大学名誉教授は冒頭、きれいな英語でこう話された。そしてそのあと、日本語で素晴らしい講演を披露されたのだった。日本語による受賞講演は、作家の川端康成氏以来ではなかろうか。

南部陽一郎博士（一九二一～）、小林誠博士（一九四四～）とともにノーベル物理学賞を受賞された益川博士は、一躍、時の人となったが、多くの人々を惹きつけたのは、その本音で語る態度だった。受賞が決まって「たいしてうれしくない」と言ってみたり、「三六年前の過去の仕事

ですし……」と話したりしたが、こうした発言には、それまでの月並みな絶讃型・全肯定型のノーベル賞報道にない、正直さや人間としての温かさがにじみ出ていたと思う。そうした点で、益川博士は、科学の素晴らしい広報マンを演じてくださった。

一九八〇〜九〇年代に日本で開催された国際会議でも、この「アイキャンノットスピークイングリッシュ」をたびたび聞いた記憶がある。ただ、これを聞いて隣の外国人が怒り出したことがあった。英語で断っている、英語で話せるじゃないかというのだ。もちろん冗談なのだが、日本人のこのニュアンスを伝えるには、たぶん、「アイキャンノットスピークイングリッシュ・ウェル（あるいはフルーエントリー）」と言う必要があるのであろう。蛇足ながら、益川博士はきちんと英語をお読みになることができる。なぜなら、あのノーベル賞講演でも、英語で書かれたいくつもの研究論文を引き合いに出されていたからだ。

日本語の科学は世界の科学を支えている

英語を話すのが苦手なことを益川博士は隠さなかった。それゆえに、一般の日本人にも、いったい科学と英語はどのような関係にあるのか、改めて考える機会を与えてくれたのではないか。当たり前の話だが、英語のスピーチなど流暢にできなくても、日本語による精密な思考や議論を通じて、人類が迫りうる最も深遠な理論や考察はできるのだ。益川博士はそのことを、改めて教えてくれたのである。科学においては、英語なんかより、日本語の数学や物理学が大事だということである。

日本の科学者の大半は、いまは論文は英語で書くのが普通になっている。三〇年ほど前は、日本語論文を掲載する学術雑誌もたくさんあったが、現在ではほとんどが英語論文雑誌に変わっている(それゆえの問題がいろいろ生じていると指摘する研究者もいる)。

日本人科学者の英語の話し下手は、実は広く知られている。でも、だからと言って、日本人科学者がバカにされているわけではない。その理解力には定評があるし、超一流の英語論文を書く。英語を聞くことも、話すほどではないが、まあよくできる。逆に、益川博士のケースなどは、英語をほとんど話せない科学者が人類最高の仕事をした、という裏返しの驚きを与えている。特に近年、日本人科学者による研究の質が高いことは、さまざまな分野ですでに定評となっている。それとの関係もあって、世界の優れた科学者や科学関係者の一部は、日本人が英語ではなく日本語で科学や技術を展開していることに、ようやく気がついたようだ。

科学知識には「英語以外の言葉による表現形式」が存在すること、その代表的なものが日本語の科学であること。それを最初に認識したのは、私の知る範囲では、今は亡きネイチャー誌の名編集長ジョン・マドックス氏だった。これについては、第4章でふれる。ただ、この話はたぶん、〝再発見〟にすぎない。過去にも異文化である日本の科学の質の高さに気づいた人は、たくさんいたようである。これは本書のテーマとも深く関係するので、あとで証拠をあげて議論したい。

日本語で科学をするのは当たり前か?

日本人は日本語で科学をしている。実はこの話を持ち出すと、科学者を含め、たいがいの人から「何のことですか?」と言われてしまう。実際、第一線の科学者に「先生は日本語で考えて科学をされているのですよね?」と持ちかけてみるのだが、一〇人が一〇人、何のことかとキョトンとされてしまう。みなさんはどう思われるだろうか。日本人だから日本語を話す。だから日本語で科学研究をする。あるいは日本語で技術の研究をして画期的な工業製品を作る。これは、本当に当たり前のことなのだろうか。

では逆に、なぜ日本人は英語で科学をしないのだろうか。フィリピンやインドネシアなど東南アジアの国では、最初から英語で科学教育を進めているところが多い。なぜ日本(と中国)だけが違うのか。

その理由は、日本語の中に、科学を自由自在に理解し創造するための用語・概念・知識・思考法までもが十二分に用意されているからである。そして、日本で生まれた成果や概念は、日本の科学者や技術者による大量の英語論文を通じて、日常的に外国に伝達されている。だからこそ、日本の人も外国の人も、日本人科学者が日本語で科学を創造・展開している事実に改めて注意を払わないのだ。

私は科学ジャーナリストとして、翻訳(日本語と英語)という作業が関与する場面で、特に多くの仕事をしてきた。それもあって、この「日本人は日本語で科学をする」という事実が、決して自明ではないことを何度も何度も体感してきた。翻訳を「ヨコをタテ、タテをヨコに変えるだけ」と見くびる人がいるが、それは大間違いだ。

過去一五〇〇年以上にわたり、私たち日本人は、最初は中国文化に始まり、蘭学、そして近代西欧文明と、それまで自分たちが持っていなかった新しい知識や概念や文化を積極的に取り入れてきた。言語が違うのだから、そこには必ず翻訳という行為が存在した。その際、単なる言葉の移し替えでは済まないことも多々あったであろう。そこで、新しい言葉を創造して、概念知識や思想哲学まで、きちんと吸収したのだ。だからこそ、例えば今日の科学において、自由に新しい成果を生み出す言語環境が整ったのだ。私自身、新しい概念が新しい漢語日本語として生まれていく場面に幾度も立ち会ったことがある。

だからいま、こう考えている。日本語で科学ができるという当たり前でない現実に深く感謝すること、この歴史的事実に正面から向き合ってきちんと評価し大切に伝統を保持していくこと、それが日本語で科学することの意義であり責務である。それは日本の科学や技術を発展させる原動力となり、世界中の人々が望んでいることにつながっていくはずだ、と。

実学という日本の伝統

実は何度目かの草稿を書き終えて文献や出典を整理している段階で、『日本の科学思想』（辻哲夫、中公新書、一九七三年。のち、こぶし文庫）という本にめぐりあった。これは科学雑誌「自然」に「ことばの科学史」として連載されたものである。著者は科学史の専門家で、近代日本独自の知性の発達発展をさぐりつつ、「なぜ日本に科学は生まれなかったのか」というテーマを追った本だ。ただ私は、「近代科学の成立」などというテーゼを出されると、直ちに拒否反応が生じる気質の人間だ。錬金術師ニュートンでもない、デカルトでもない、まあドルトンあたりかなと言っても、そもそも成立した証拠など出せるものか……とアタマがめぐってしまう。それに、少なくとも江戸時代には日本に近代科学は生まれなかったけれど、明治三〇年にはもうノーベル賞級の成果を生んでいる。それだけ短期間にキャッチアップできた日本の知的風土や伝統の方が興味深いと思っている。

根本的な意見の違いはあっても、この本から、私が潜在的に持っていた感覚のいくつかを、具体的な知識として教えてもらった。その最たるものは、日本の学問はほとんど必然的に、「日本化しないわけにはいかなかった」という指摘だ。多くの場面で、日本の学問は「日本化」という経緯をたどってきたという。

荻生徂徠（一六六六～一七二六）は、朱子学の理気二元論を棄てて、実証こそが確かだと達観した。伊藤仁斎（一六二七～一七〇五）は「理を窮むるは事物に就いて言ふ」と断言した。これも儒学ではあるが、窮理学という「日本化」の先駆けだった。ここから物理之学（貝原益軒による）という言葉に飛躍して、やがて近代の「科学」や「理学」や「物理学」につながっていく。

この「日本化」というのは、「自然のままに」という直観を大切にする思考法への接近・融合のことだという。ここが、日本の文化的・歴史的・自然的風土らしいところだ。現に近代においても、西田幾多郎(にしだきたろう)(一八七〇〜一九四五)は、「経験するというのは、事実そのままに知るの意である」と喝破した。そして、科学であっても、仮説上の知識に過ぎず、実在を極めるものではない、芸術家の方が実在の実相に達している、とまで断言したそうだ。今日の文化人やマスコミ論調の底にある感覚ではないか。

他人の紹介に長居はしたくないが、私の問題意識と非常に近い指摘があったので、あと一つだけ紹介しておきたい。

「それにしても、こうして日本語の文脈にとりこまれ転釈されてきた科学は、はたしてもとの科学とまったくおなじものでありうるだろうか。科学の生みの親である西欧文化と、後から科学を受容したにとどまる日本文化と、その本来の異質性こそがここで思い起こされる」(『日本の科学思想』、一一一ページ)。

要するに、英語のサイエンスと日本語の科学は同じなのか違うのか、という問いである。

四〇年前に、いまの私とよく似た問題提起をした日本人がいたことを知って、うれしくなった。しかし、「後から科学を受容したにとどまる日本文化」という表現には、いくら四〇年前とはいえ賛成できない。著者はもともと物理学者であるにもかかわらず、湯川秀樹(ゆかわひでき)(一九〇七〜八一)や朝永振一郎(ともながしんいちろう)(一九〇六〜七九)などの仕事は、受け身だけの日本文化が生み出したものだとでも言うのだろうか。学生運動華やかなりし頃、こういう論調の人がたくさんいたことを思い出した。この意味では、本書で述べる私の考え方とは異なることを明確にしておきたい。

私は科学者ではないし科学史家でもない。単なる科学ジャーナリスト、科学編集者にすぎない。しかし、だからこそ、科学者や技術者よりも、科学と技術の〝いま〟を幅広く見つめてくることができたと思っている。その中で、特に、日本語と英語の微妙な違いがずっとアタマに引っかかっていた。

そこから、言葉のニュアンスの違い、発想の違い、さらには歴史や文化や宗教の違いまでも考えるようになった。そして、最初は英語によるサイエンス礼賛主義者であったのに、いつの間にか、日本語による科学や技術の手法、それを生み出す日本の科学観や技術観の方が、より本質的で大事だと思うように変わってしまった。本書では、そんな私の科学観を披露するが、このような考え方は決して多数派ではない。そのことだけはご承知おきいただきたい。

また、科学や技術の体系そのものについて議論するつもりはない。動物行動学の日高敏隆(ひだかとしたか)博士(一九三〇〜二〇〇九、滋賀県立大学長などを歴任)は、『動物はなぜ動物になったか』(玉川大学出版部)の中で、「そんな体系の議論よりも、科学や技術を進めるのは、感情を持った人間だという視点が一番大事なのだ」と指摘されている。私も本書でこのような立場に立って議論を進めていきたい。

第1章
西欧文明を母国語で取り込んだ日本

「日本語で科学をしたから」とは、言い切れないけれど……

なぜ日本人は英語で科学をしないのか？　なぜ日本人は日本語で科学するのか？　その答えは明快だ。英語で科学する必要がないからである。私たちは、十分に日本語で科学的思考ができるからである。益川敏英博士も、二〇一四年一一月二六日付朝日新聞「耕論」欄において、英語入試改革に関するコメントの中で次のような意見を表明されている。

「ノーベル物理学賞をもらった後、招かれて旅した中国と韓国で発見がありました。彼らは「どうやったらノーベル賞が取れるか」を真剣に考えていた。国力にそう違いはないはずの日本が次々に取るのはなぜか、と。その答えが、日本語で最先端のところまで勉強できるからではないか、というのです。自国語で深く考えることができるのはすごいことだ、と。

彼らは英語のテキストに頼らざるを得ない。なまじ英語ができるから、国を出て行く研究者も後を絶たない。日本語で十分に間に合うこの国はアジアでは珍しい存在なんだ、と知ったのです。」

まさにこのことを、私は本書に書いた。私たち日本人は日本語で科学することができるのだ。でも、それは自然にそうなったわけではない。

日本人は特に一五〇年前の江戸末期に、集中的に必死になって西欧文明を取り入れた。概念そのものが、それまでの日本文化に存在しないものも多かった。そこで、言葉がなければ新たに言葉を作ったりしながら、学問や文化や法律などあらゆる分野について、近代としての日本語（知識）体系を作り上げてきたのである。そのような新しい日本語を使って、現在の日本人は、創造的な科学を展開しているのだ。そしていまや、多くのノーベル賞受賞者を輩出する実力ある社会を作り上げた。だから、基本的に、英語で科学をする必要がないのである。先人に感謝しても、しすぎることはないだろう。

私たち日本人は、日本語で科学することにより、二一世紀に入ってほぼ毎年一人のノーベル賞受賞者を出す科学文化を創り上げた。技術の世界においても、ここ二〇年、従来存在しなかった画期的な新技術・新製品の大半を、日本から生み出してきた。このように、日本語による科学技術が大きく花開いたのは間違いのない事実である。

それなら、「日本人は日本語で科学を展開したがゆえに、これだけ多くの偉大な成果を得ることができた」と言えるのだろうか？　実際日本語には、くりこみ群（統計力学、場の量子論）、棲み分け論（進化論）、すだれコリメーター（X線天文学）、ミウラ折り（宇宙工学）といった日本独特の科学用語があり、その可能性を暗示している面がある。しかし、この命題をいくら追いかけても、それを証明することはできない。事実として、日本人は日本語でしか科学をしてこなかった。でも、その日本語で科学や技術を展開したという特別の理由ゆえに、ここまで日本の科学技術が大きく花開いたとは言い切れないのだ。論理的に証明不能だからである。

したがって、本書で「日本語で科学や技術を展開したから」と書く時、それは理由を言っているのではなく、他に選択肢のなかった事実のみを語っている。この点は間違えないでほしい。ただ、本音を言えば「日本語主導で独自の科学をやってきたからこそ、日本の科学や技術はここまで進んだのではないか」と思うところはある。これについては、あくまでも「状況証拠」でしかないが、様々な具体例をあげてみたいと思っている。

この文脈上での話であるが、韓国ではハングル優先で漢字を棄ててしまったために、多くの同音異義語が区別しきれなくなり、重要な知識や概念を失うだけでなく、厳密な議論もできなくなった。せっかく、漢字用語に基づく科学知識体系を、中国とともに明治期の日本からまるごと導入したのに、実にもったいない話である。これは私の立てた問題を考える際の、明らかな反例である。

もっとも、日本も韓国を笑えない部分がある。なぜなら、歴史を振り返ってみると、日本語や漢字を棄てることになったかもしれない危ない暴論や、怪しげな著名人による妄論が、たびたび顔を出しているからである（森有礼や尾崎行雄による英語国語論、志賀直哉によるフランス語国語論など）。こういう議論があったことを忘れてはいけない。

近代西欧知識の揺籃となった蘭学

次に、江戸の蘭学について少しだけ紹介する（日本には科学史・科学哲学のプロ研究者がたくさんいるので、詳細は彼らの文献に当たってほしい）。江戸時代の日本では、多様で豊かな学問が育まれており、その土壌があったればこそ、明治以降の日本は近代科学を短期間のうちに消化し、自らのものとすることができたのだと思う。意識せずに、自国語で科学する準備を整えていたのだ。その例証として、ここで蘭学をあげるのである。

もちろん一部の専門家に限られるのだが、日本では幕末明治期よりさらに二〇〇年も前の江戸時代初期から、すでに西欧文明を蘭方医学の知識として取り込み始めていた。長崎の西玄甫（一六三六〜八四）などが代表である。それまでの日本の医学知識は『医心方』（九八四年、宮中医官の丹波康頼の撰による）に基づいていたが、蘭学を通して変容をはじめた。その後、山脇東洋（一七〇六〜六二）の人体解剖（一七五四年）、杉田玄白（一七三三〜一八一七）らの『解体新書』（一七七四年）を経て、宇田川榛斎（一七六九〜一八三五）による『医範提綱』（一八〇五年）などを通して、近代医学の基本知識が整備された。

杉田玄白らが「神経」「軟骨」「動脈」といった近代医学用語を翻訳したことは、あまりにも有名だし、その約半分の用語を宇田川榛斎が改訂したことも広く知られていると思う（愉快なのは、今日使われている医学用語が、結果として、両者からほぼ半分ずつの割合で採用されていることだ）。このあたりの書物を読むと、西欧近代知識としての医学を受容する上で、もう何も問題があるようには見えない。私のようなアマチュアには、幕末の蘭医の知識はそこまで進んでいたように見える。

一方、植物薬理学とも言ってよい本草学も江戸時代に大きく花開いた。そのきっかけとなったのは明の李時珍（一五一八〜九三）による『本草綱目』で、一五七八年に中国で発刊されるやいなや、直ちに日本に輸入されたといわれる。これが日本の学問として「日本化」され再構築されたのが、貝原益軒（一六三〇〜一七一四）による『大和本草』（一七〇九年）である。ここから稲生若水（一六五五〜一七一五）の『庶物類纂』、小野蘭山（一七二九〜一八一〇）の『本草綱目啓蒙』が生まれる。そして、近代科学の植物学への橋頭堡となったのが、宇田川榕庵（一七九八〜一八四六、榛斎の養子）の『植学啓原』（一八三三年）である。ここにはcellの翻訳語として「細胞」が提示されており、ここから今日の生物学へとつながっていると言える。

榕庵はさらに、『舎密開宗』（一八三七年〜）を出版している。本を読めばわかるが、これは完璧な化学入門書であり、「舎密（chemie）」がやがて「化学」に変わるなど用語の変遷はあっても、内容に関しては、明治維新の約三〇年前に、日本ではすでに西欧近代化学を十二分に受容する準備ができていたことを証明している。アマチュアの目には、既に一部は受容していたのではないかとさえ思える。

他の分野も同様に進んでいた。志筑忠雄（＝中野柳圃、一七六〇～一八〇六）による『暦象新書』は、自然学および天文学の入門書である（一七九八年から一八〇二年にかけて上中下巻が出版された）。暦学にはほかにも、麻田剛立（一七三四～九九）、高橋東岡（＝至時、一七六四～一八〇四）、間長涯（＝富重、一七五六～一八一六）といった立派な学者が出ている。

天文や物理関係では、三浦梅園（一七二三～八九）が天球儀を作っていた。帆足万里（一七七八～一八五二）も梅園と同じ豊後国・日出藩の人で、『窮理通』という広い分野について扱った書物を残している。

立派なフィールドワーカーもいた。伊能忠敬（一七四五～一八一八）は実測による精細な日本地図を作成した。間宮林蔵（一七八〇～一八四四）は世界で初めて、樺太（サハリン）が島であることを突き止めた探検家だ。土井利位（一七八九～一八四八）はオランダ製顕微鏡で雪の結晶を観察し、『雪華図説』を残した。

関孝和（一六四二～一七〇八）による和算が江戸時代に大きく花開いたことは、誰もが知っているだろう。エレキテルで知られる才人・平賀源内（一七二八～八〇）も忘れてはいけない人物だ。からくり儀右衛門こと田中久重（一七九九～一八八一）に限らず、工学技術の萌芽も見られた。

〈蘭学に興味ある方は、『おらんだ正月』（岩波文庫）や『江戸の科学者たち』（現代教養文庫）などをご

覧いただきたい。〕

必要なのは日本語による科学教育、そして英語

私は、一九七五年に日本経済新聞社に入社してすぐに「日経サイエンス編集部」に配属された。「日経サイエンス」という科学雑誌は、アメリカを代表する「サイエンティフィック・アメリカン」の日本版である。この雑誌はニューズウィーク誌などとも並び称され、知性あるアメリカの文化人や経済人に多くの固定ファンを持っている。

この仕事に二五年間かかわり、私は「たかが翻訳、されど翻訳」という感慨を持つに至った。科学に関して、日本語と英語の違い、共通点、ものの考え方の差など、実に多くのことを考えさせられたからである。日経新聞社を円満退社してから少し経って、今度は世界最高の科学論文誌とされる英国ネイチャー誌のニュース記事に本格的にかかわることになった。適切な記事を選び出し、日本語に翻訳編集する月刊誌「ネイチャー・ダイジェスト」の実質的な編集長を四年半ほど務めたのである。

二つの仕事の間に一〇年近い時間間隔はあるが、合わせて約三〇年間、私は、科学という分野において、日本語と英語の間に身を置いてきた。「日本人は、なぜ日本語で科学をするのか」という問いかけは、実は、私がいつも仕事机の横に掲げてきたテーマなのである。

生意気だが、だから益川博士の気持ちもよくわかる。片言の英語なら、話せと言えば話さない

ことはないけれど、「科学者の責務として、科学的に正しく、また発想や考え方や論理をきちんと伝えることは、日本語だって大変なのに、とても英語で流暢に語ることはできません」。それがたぶん益川博士の本意であろう。もちろん、ストックホルムに集まった人だけでなく、世界中の科学者は、この益川博士の真意を十分に理解していたと思う。

別の言い方もできる。益川博士の日本語講演は、会場では英語に同時翻訳されたが、おそらく、最初の個人的エピソードや体験談を除き、理論物理学を学んだことのない聴衆には、肝心の内容はほとんどチンプンカンプンだったに違いない。つまり、科学的な知識や思考力のない人には、英語であっても日本語であっても、その本質を理解するのは簡単ではないのだ。

ともかく、海外の多くの物理学者は、益川博士の講演を好奇心たっぷりで待ちこがれていたに違いない。というのは、益川博士の海外渡航は、この時のノーベル賞授賞式が初めてだったからだ。海外に行かなくても、MASKAWAの名前は世界に轟(とどろ)いていた。だから、たとえ日本語であっても、益川博士の話しぶりを、じっくりと味わうことができる初めての機会となった。地球上を航空機が飛び交う二一世紀文明社会において、益川博士のような存在は希有である。〝生きている化石〟、それゆえに科学界のアイドル的存在になったと言ってよい。

科学者の共通語はブロークン英語

かつて、やはりノーベル物理学賞を受賞した朝永振一郎博士は、「科学者の共通語はブロークン・イングリッシュです」と話したという。これは小田稔博士（一九一三〜二〇〇一、宇宙科学研究所長や理化学研究所理事長を歴任）から直接お聞きした話である。ところが最近、数学者の矢野健太郎博士（一九一二〜九三）による『数学プロムナード』（学生社）を読んでいたら、プリンストン高等研究所のオッペンハイマー元所長（一九〇四〜六七）が同じ発言をしていたという文章に出会った。ということは、かなり昔から科学者の間ではブロークン英語が意識されていたらしい。

確かに、科学者の世界の英語というのは、実にバラエティーに富んでいる。米国人と英国人でも違うし、かつて大英帝国の植民地であったイギリス連邦に属する人々の英語は、慇懃無礼な感じが強い。フランス人科学者の英語は、フランス語なまりだ。ただドイツ語なまりというのは経験がない。最も印象的なのはロシア語なまりで、超伝導の世界的権威であるギンツブルク博士（一九一六〜二〇〇九）の東京での講演だった。まったく聞き取れなかった。

想像してほしいのだが、こういう世界中の科学者が、国際会議などで一堂に会して議論するのだ。もう、お化けか妖怪の集会に近い。一九八〇年代終わりに高温超伝導の発見があり、日本でも国際会議が開かれて、ギンツブルク博士をはじめ、たくさんの著名科学者が議論したことがあった。私はそれまで、科学者の英語を聞き取って、議論や内容をそこそこ追いかけることができると思っていたが、完全に打ちのめされた。東欧系の人やフランス系の人、そしてロシアの人が混ざり合って議論になると、「これ、何語？」という感じになる。それに気を取られていると、すぐに議論に置いてきぼりされてしまうのだった。

確かに、科学者の共通語は「ブロークン・イングリッシュ」だと悟った。例えばフランス人なら、フランスが得意な数学的議論のようなニュアンスが表に出てくる。イギリス人なら、冷ややかな皮肉を込めた感じが出る。ロシア人は意外にも非常に陽気な感じがしたものだ。では、こういうブロークン英語の嵐の中で、日本人はどういう感じなのだろうか。私の印象は、「はずかしがり」「引っ込み思案」「控えめ」だった。

本文でもふれるが、日本人でも英語で話すときは、どこかのタガが外れるようで、日本語よりも大胆に発言する人が多い。平気で議論をふっかけることもあるし、英語のほうが喧嘩しやすい感じもする。それでも、中国人や韓国人と比べても、日本人研究者は静かで紳士的なのである。これは、もう英語の問題ではなく、日本の文化から来るものではないか。そう私は思っている。

しかも、その控えめであることが何かの障害になっているとは言えそうもないのだ。強引な議論をする人が〝勝ち〟でノーベル賞を獲る時代など、とうの昔に終わっている。あまり問題視する必要はないのではないか。私は最近、そう考えることにしている。

英語だけでは科学はわからない

次に、いくら英語ができても科学はわからないという話をしたい。最近、『伝える極意』（集英社新書）を書かれたことを知って懐かしく思い出されたのが、当時、サイマルインターナショナルにおられた同時通訳者の長井鞠子(ながいまりこ)さんだ。長井さんにお願いした仕事は、日本国際賞の受賞者講演会の同時通訳だった。一九八五年から数年間、毎年だったたと思う。

日本国際賞は松下幸之助(まつしたこうのすけ)さん(一八九四〜一九八九)が基金を拠出して国際科学技術財団を作り、そこから、工学分野でノーベル賞級の業績をあげた人を顕彰するということで、国をあげて始まった事業だった。私たちの編集部がたまたま内幸町のプレスセンターにあったこともあり、財団のお手伝いをすることになった。その過程で、受賞者講演会を開くための一切の作業を私たちが委託され、同時通訳をサイマルにお願いすることになったのだった。

同時通訳者というのは非常に優秀である。なにせ、皇族や王族関係の会であれば独特の決まり表現が必要だし、外交交渉であれば、一つ言葉が違えば国益を損ねることにもなりかねない。そういう修羅場で仕事をされてきたのが、例えば長井さんだった。

私たちの依頼仕事は科学技術分野なので、そこまでシビアではないのだが、それでも、サイマルの人は、事前に細かく内容を聞いてきた。科学技術の同時通訳は経験があるということだったが、たぶん、こちらが若くて聞きやすかったからであろう、一つ一つ、まず用語について確認してきた。レベルの低い通訳だと、英語をそのまま使ってごまかしてしまうケースも多いが、少なくとも当時のサイマルは、日本語の正式用語がある場合は、できるだけそれを使おうという姿勢だった。

それだけでなく、話の筋道や内容についても、細かく確認してきた。「これはこういう意味ですか？　こういう意味ではないのですか？」「こういう表現をして間違いないですか？」という形で、聞いてこられたのである。当時の私の知識は決して完璧ではなかったので、マゴマゴしてしまい、当日までに確認する、という宿題になったこともあった。最初は事前打ち合わせだったが、だんだんと信頼してもらえるようになり、当日の打ち合わせで済むようになった。

長井さんたちとのやり取りで再確認できたのは、英語で意味は理解できたとしても、科学技術の知識として日本語表現することは別だ、ということだった。例えば「プロデュース」という言葉はとても便利で、一般用語としても専門用語としても使われる。意味は「つくる、生み出す」であるから、英語の文でこの言葉が出てくれば、素直に意味を汲むことができる。でも、生物学では「産生する」というような言い方があり、そこから出てくる「抗体産生」といった大事な名詞があって、免疫学の話であれば、いくら理解しやすいとはいっても、やはり「産生する」と日本語にしなければならないのだ。

サイマルの長井鞠子さんは、そういうことがきちんとわかる人だった。こちらも鍛えられて、血肉となったのである。

英語文法だけでも誤解が生じる

日本経済新聞社を退社したあと、縁あって、二〇〇一年春から今日まで、母校でもある東京農工大学工学部で「技術者倫理」の非常勤講師を務めている。その講師になって二年目だったかの時に、得がたい経験をした。

私と同じ木曜日の四限に、「科学英語」という授業があった。今でも似た授業があるのかもしれないが、工学部なので、英語教育も文学のようなものだけでなく、科学トピックスを扱った内容も取り入れようという考え方で始まったものだと思う。それで、担当の非常勤講師の女性が四苦八苦していたのだ。

同じ講師控え室で呻吟している姿を見れば、声をかけたくなるのが人情というものである。何を苦労しているのか、テキストを拝見すると、英国タイムズ紙に掲載された平易な科学記事だった。超伝導だったかエレクトロニクスだったか、ともかく、その記事はまさに私の得意とする領域であり、科学的背景も含めて、すべて完璧に読みこなせる内容だった。

そこで、これはこういう話ですよ、と説明を始めたのだが、向こうは専門がシェイクスピアということで、まったく嚙み合わないのだ。どういうことかというと、私のような理系アタマは、脳の働かせ方がパターン化しているらしいのだ。もちろん向こうもシェイクスピア的なパターンが強固にある。仕方ないので、彼女からの質問に答えるような形で、疑問点を解きほぐすことになった。

これもまた新鮮な発見だった。文系の英語の文章には、それに応じた表現法があって、我々が理系のニュースなどで書く英語の文法と微妙に違うらしいのだ。「この文章の意味は、科学的な事実として、これこれということです」と私が説明すると、彼女は何度も、「そういう意味の場合、英語ではこうした表現は普通はしないのですが……」という反応を見せたのである。たぶん、そうなのであろう。

だから、私が説明する「科学的な事実」と、彼女が解釈する「英語的な表現」が、大きくくずれてしまうのである。これには驚いた。と同時に、科学ジャーナリストは、背景にゆるぎない科学的事実があるので、けっこう気楽にいい加減な表現を使っているのではないか、と気がついたのだ。つまり、英語文法が少しくらい間違っていても、読者の多くは科学的事実を承知しているから、暗黙のうちに内容を理解してくれているのではないか、ということだ。ここでも「中身が先」なのだ。

でも、それゆえに、先にあげた「科学者の共通語としてのブロークン英語」が成り立っている面がある。英語が変でも、数式や化学式も動員して論争するのだから、英語のうまい下手ではなく、科学的に正しいか誤っているかで決着がつくわけである。科学の普遍性というのは、ここからもわかるように、単に言語としての普遍性に基づいているわけではない。だから、我々日本人が日本語で科学を進めることに、何の制約も障害もない。理屈の上ではそういうことだ。気をつけるべきことは、論理性や再現性といった科学の原理を、きちんと間違えないことである。

日本語による科学表現

英国人、米国人、フランス人、ドイツ人、スウェーデン人、ロシア人、日本人、中国人、韓国人と、みんなそれぞれの母国語で何らかの形の科学を展開しているのは間違いない。ただ、ヨーロッパ言語系は、ゲルマン系（蘭学のオランダ語もその仲間）としての共通性があり、またラテン語系にも別の共通性が見られる。そういう意味では、日本をリーダーとする漢字文化圏系の科学は、まったくの別世界である。しかもそれぞれの国の違いも大きい。このユニークさは大切であり、われわれの「売り」でもある。

このことがなかなか理解してもらえないのだが、科学という知識体系について、我々日本人は「科学」と呼び、あちらの人は「サイエンス」とか「ヴィッセンシャフト」と呼ぶのである。こちらが「陽子」「電子」「細胞」と呼ぶものを、あちらでは「プロトン」「エレクトロン」「セル」と呼ぶのだ。両者の意味はほとんど同じというのが暗黙の了解事項かもしれないが、そうはいかない。そもそも言葉が違うのだから、同じはずはない。基本要素が違っているのに、それらから構成されるサイエンスと科学が、完全に同じものだと言える保証など、どこにもないではないか。

ある講演会で、養老孟司（ようろうたけし）博士（一九三七〜）が話された。ご承知のように、養老博士の言葉の世界は多様で奥深く、そこから紡ぎ出される世界は、ちょっとしたことでも含蓄に富んでいる。優れた日本語表現が、いかに大きな世界を生み出すことができるか、よいお手本だと私は思っている。実はその講演を、英国生まれのユダヤ人で、仕事で日本に長期駐在していた男が、私の隣で聞いていた。そして、終わったあと「おもしろいなあ」とつぶやいたのである。

それで、私は彼に聞き返してみた。では、もし、この養老博士の話を全部英語に翻訳したとしたら、この日本語のような広い豊かな世界を表現できるだろうか？　すると彼はうなってしまった。「翻訳できるかできないか、ということではなく、もし養老先生の話を英語に翻訳してしまったら、とてもつまらない話になると思います。日本語のニュアンスというより、ある種の世界観とか話の進め方も含めて独特で豊かな世界が表現されているのだと思う」というような答えだった。彼の奥さんは日本人で、日本語がとても堪能ゆえの答えであった。

養老博士は、日本語による科学表現の重要性を強く認識している。あるときから〝英語論文の断筆宣言〟までされて、日本語で科学を語ることに全力で取り組みはじめた。『ヒトの見方』（ちくま文庫）の「あとがき」に次のように書いている。

「……私は使い慣れた日本語で書くことで、「科学」の内容を何とか変えていけないかと思ったのである。……自然科学の基礎は、およそいままでも、なおざりにされているように私は思う。研究費や待遇の問題ではない。何より基礎的な考えの問題である。ことばの問題も、とうぜんその一つである。」

そして、次のように提案する（以下、筆者の責任で大幅に〝翻訳〟すると、こういう内容になる）

――科学論文を日本語で書こうとしても、公式の研究費は出ない。このような愚かな慣習はやめるべきである。日本人の読者は日本語の科学を必要としており、その内容が日本語で書かれれば、たとえお金を払ってでもそれを受け入れる。それだから、もういい加減、下手な英語で論文を書く習慣は考え直そうではないか。

日本の生物物理学を作り上げた大沢文夫博士（一九二二〜、名古屋大学・大阪大学名誉教授）とは、『飄々楽学』という単行本を作ったが、その時も、「英語では表現しきれない概念があるのですよ」という話が出てきた。その一例が「生き物らしさ」だという。これは「生物のような」という意味ではなく、「生物の生物たる根本の欠くことのできない必須条件でありながら、ある種のしなやかな漠然とした一面も含んだ特徴」とでもいうようなことだ。大沢博士は、「生き物らしさという日本語表現は、英語では決して表現できない。それを追い求めるのが真の生物物理学だ」とおっしゃられていた。

これだけ書くと、国粋主義者と間違われそうだが、私は愛国者ではあっても国粋主義者ではないと思っている。英語だって素晴らしい言語表現であり、あるときは、日本語を超える可能性を持っていることもある。茂木健一郎博士（一九六二〜）の処女作『脳とクオリア』（日経サイエンス社）の編集を担当したとき、かなり早い段階から、書名に「クオリア」を使うことを意識した。当時、この言葉は一般にほとんど知られていなかったので、引き立て役として「脳」を持ってきたのだ。それがピタリとはまった。よい言葉は外国語でもどんどん日本語に取り込んで、消化（昇華）していけばいい。それが日本語文化一五〇〇年の伝統なのだ。

なぜ日本語で科学をするのか

「なぜ日本語で科学をするのか」という問いを立てた理由が、少しはご理解いただけたと思う。

次に、日本語の科学が、世界の科学にどんな形でインパクトを与えうるのか考えてみたい。

科学者の共通語は、私の見る限り、ブロークン英語からどんどん普通の英語に変わりつつあるように思う。日本語としての英語も、本当に上手になったと思う。インターネットの普及もあるが、世界共通語としての英語の重みはますます大きくなっているようにも見える。しかし、科学にとって、これがよいこととは限らない。なぜなら、これまでの歴史を見るとわかるが、科学の大展開は、異文化の衝突、混合によって起こるケースが多いからだ。

世界が平坦化して、先鋭化した個性が消えたとき、混ざり合うものなど、たかが知れている。現に、私が見る限り、世界の科学は急速につまらなくなっている。毎週のネイチャー誌を見ればそれがわかる。誰もがすぐに論文を読めるようになって、コツコツと独自の世界を真面目に追いかける人間が少なくなったのかもしれない。

こういう時代になればなるほど、私は「日本語の科学」はおもしろみを発揮すると思っている。ますます重要性を持ってきたと思っている。養老孟司博士や大沢文夫博士が指摘されるように、日本語ゆえに表現できるユニークな世界を、科学という方法論で開拓していけるのは日本人だけだ。事実として、現実としてである。もちろん、フランス人はフランス語でしか表現できない世界を追い求めていけばよい。

再認識すべきは、少なくとも日本の創造的な科学者にとって、英語は必要ではあっても十分な武器ではない、ということだ。最大の武器、それは日本語による思考なのだ。このきわめて当たり前の事実を、当たり前と思わないでかけがえのないチャンスと見ること、そこに、日本の科学の未来があると私は思う。

一言断っておくと、科学が創造的であるというのは、大前提である。元東北大学総長の西澤(にしざわ)潤一(じゅんいち)博士（一九二六〜）はかつて、「画家が他人の作品を真似たら、それは贋作(がんさく)と言うでしょう。科学者だって同じなんですよ」と話してくださった。つまり、科学というのは、前提となる知識を習得した上で、さらに一歩踏み出して、新しいことを創造する行為なのだ。科学の最も大事な根幹部分において、創造的でない成果は本質的に無意味なのである。

だから私は、科学者を志す人たちに「科学は、受験勉強の延長線上には絶対に存在しないのですよ」と申し上げてきた。昨今の科学者による不正行為事件を見ると、創造的能力を鍛えることなく研究者になった人には、やはり科学をするのは無理だと感じる。贋作・盗用が減って偽作・捏造が増えているのは、創造力を欠いた人たちが科学界に迷い込んで、うめき苦しんでいる姿と言えるかもしれない。

ともあれ、母国語が日本語の人で、きちんと日本語で文章表現できない人が、英語できちんと科学を表現できるはずがない。日本語で論理的に考えられない人は、英語でも論理的に考えられない（ネイチャー誌の日本特派員スウィンバンクス氏も、そう言っていた）。この当たり前の事実に立てば、逆に、日本語による素晴らしい発想や考え方や表現は、英語が持ちえない新しい世界観を開いていく可能性が高い。それこそが日本の科学だ。そう私は思う。

ハイゼンベルク博士の指摘

私の主張を強力に支持してくれる証拠を見つけた。ヒントは先にあげた『日本の科学思想』にあった。それは量子力学（マトリックス力学）の創始者ウェルナー・ハイゼンベルク（一九〇一〜七六）による『現代物理学の思想』（河野伊三郎・富山小太郎訳、みすず書房）である。ハイゼンベルクは二〇世紀物理学の巨人で、一九二七年に不確定性原理を発見し、三二年に実に三一歳の若さでノーベル賞を受賞している。量子力学はある意味では、アインシュタインの相対性理論よりもはるかに大きなインパクトを科学にもたらした。

この本は戦後すぐに書かれたもので、その雰囲気も一部に漂っている。一九二ページに次のような記述がある。「人間思考の歴史においては、最も実りの豊かな発展は、二つの方向を異にする思想が出会う点で起こりがちである」というのだ。そしてこれは一般的にかなり正しいと思われることで、さまざまな文化というのは、環境や宗教も含めて異なる背景から生まれており、時代による違いもある。だから、それらが相互作用を起こせば、新たな展開が期待できるとハイゼンベルクは言う。そして次のように書いている。

「原子物理学は現代科学の一部門として、現在、非常にちがったいろいろの文化の伝統の中に入り込んでいる。これはただヨーロッパや西洋諸国の、自然科学における伝統的活動がつづけられていた国々で教えられているのみでなく、また極東の日本、中国、インドのような全く異なった文化の背景を持つ国々でも研究されているしロシアでも研究されている。」

　これらの間で、思想の相互作用が起こりそうだというのだ。〔量子力学の誕生に際して、ニールス・ボーアの相補性が中国の陰陽思想に近いこと、一方のエルヴィン・シュレーディンガーの〝一元論〟はインド哲学ヴェーダンタの梵我一如と軌を一にするという指摘がある。『シュレーディンガーの思索と生涯』を参照。〕

　ハイゼンベルクのこの指摘は、同書二一〇ページあたりの議論へ引き継がれる。

「たとえば、この前の大戦以来、日本からもたらされた理論物理学への大きな科学的貢献は、極東の伝統における哲学的思想と量子論の哲学的実体の間に、なんらかの関係があることを示しているのではあるまいか。……素朴な唯物的な思考法を通ってこなかった人たちの方が、量子論的なリアリティーの概念に適応することが、かえって容易であるかもしれない。」

　量子論の解釈をめぐって、侃々諤々（かんかんがくがく）の議論があった。そこにおいて、多くの日本人理論物理学者が、多大な貢献をしており、それこそが異文化社会の科学貢献だとハイゼンベルク博士は言うのである。

　ここで言っている「リアリティー」とは、言語による理解のリアリティーのことだ。少し前のところでこう指摘している。

「自然言語の概念は漠然と定義されている一方で、科学言語は限られた現象のみを扱うよう理想化されている。ところが、経験上、自然言語の方がはるかにきちんとしていて安定だ。その理由は、自然言語の概念が、リアリティーと直接結びついているからだ。」

いくら実験結果や公理定理と関係づけて科学用語が明確に定義されようとも、自然言語の懐の深さにはかなわない。なぜなら、結局のところ、科学でわかっていない部分がなお無限にあるからで、それゆえに、言葉は広く開放的状態を保つようにしておかねばならない。こうハイゼンベルクは言っているのだ。

日常使うリアルなイメージを持った言葉による理解。それは自然言語による理解で、英語に限らない。それが結局は、しぶとく、また確かな物事の理解へと通じていく。

英語にない「物性」で学問をしたから、画期的な成果が生まれた？

ハイゼンベルクは、半世紀前に、異文化である日本人理論物理学者の貢献を高く評価した。それから四〇年ほどたって、例えばネイチャー誌のジョン・マドックス元編集長は、日本語でなされている科学知識に、彼らの知らない何かプラスアルファがあることに気がついた。「はじめに」で私が〝再発見〟と言ったのは、このことである。

そうだとすると、いくら論証不可能であっても、やっぱり「日本語だからできたのではないか」という状況証拠を探してみたくなる。そこで、日本語では普通に使われているのに、「英語には翻訳できない科学用語」を取り上げてみたい。そんな例の一つが「物性」という言葉である。

東京大学には物性研究所という素晴らしい研究機関があるし、日本の物理学の中には物性論という明確なジャンルも存在している。「物質の性質を原子論的立場から研究する科学」である。ところが「外国語にはこれに当たる適切な言葉はない」と『理化学辞典』（岩波書店）にも書いてあるのだ。アメリカでは近い言葉に condenced matter physics があるが、これはほぼ一〇〇％、凝縮系物理学と翻訳されており、物性という言葉にはなりえない。

一時期、固体物理学（solid state physics）というジャンルが物性物理学に近いことがあった。エレクトロニクスなどを支えた学問分野である。材料科学（material science）もかなり物性論に近い言葉だ。それでも、超伝導などは物性論以外には入れにくい。まさにハイゼンベルク博士の言う自然言語としての「物性」は、このように間口の広い言葉なのだ。それは決して悪いことではない。

見方に違いはあるだろうが、広い意味での物性物理学において、日本の科学者の貢献は超一流だと私は思う。細野秀雄（ほそのひでお）（一九五三〜）東京工業大学教授による鉄系超伝導物質の発見、ノーベル物理学賞を受賞した中村修二（なかむらしゅうじ）（一九五四〜）カリフォルニア大学サンタバーバラ校教授による青色発光ダイオードの発明、蔡安邦（さいあんぼう）（一九五八〜）東北大学教授による準結晶の研究、西澤潤一・東北大学教授による半導体分野の多数の素晴らしい成果群など、みんな広い意味での物性分野の仕事なのである。これらが世界をいかに変えたかは、あとで詳しく説明する。

日本人研究者の頭の中にスルッと入ってくる「物性」という言葉。この概念は、伊藤仁斎による「窮理・物理」や貝原益軒による「物理之學」と同じところに登場したのではないか。そう私は思っている。物性という言葉が作られた直接的な証拠があるわけではないが、「物」というのがいかにもそれらしいのだ。物性とは物の性質のことであり、物なしに性質は語れないという主張を含んでいる。これは、儒学・朱子学の二元論を超えて、まさしく実証主義への舵を切った時代の考え方である。一元主義、実学、日本化と言ってよい。どうも、日本人あるいは日本文化は、昔から空理空論を嫌うらしいのだ。それが今日の「物性」という言葉にも現れていると私は思う。

その実学に異論を唱えたのが明治後半からの菊池大麓博士（一八五五～一九一七）であったらしい。日本の科学界における理学部中心主義は、博士に根源があるという（この思想は文科省や一部の理学部で根強く生き残っているように見える）。確かに、純粋に理学部的な理論の分野でも、日本からは優れた業績がたくさん生まれている。湯川秀樹・朝永振一郎博士に代表される理論物理学、福井謙一博士（一九一八～九八）の理論化学、フィールズ賞受賞者の小平邦彦（一九一五～九七）、広中平祐（一九三一～）、森重文（一九五一～）の各博士に代表される数学分野などである。それでも日本における圧倒的多数の科学的・工学的成果は、実学の分野にある。ここでいう実学とは、リアル感を失わない研究というような意味である。

英語論文を減らして、教科書と啓蒙書を書くべきだ

日本語の科学をより豊かにするためにどうするか。私の提案は、科学者は一割でも二割でもいいから、英語によるつまらない論文書きを減らしなさい、というものだ。特に流行の研究分野な

ど、研究方法、結果の解析、論文執筆と、何から何まで、ほとんどがパターン化されている。こんなドングリの背比べのような英語論文の生産数は減らすべきなのだ。

その代わりに、科学者は、次世代の若者の心を掻き立てるような日本語による教科書や科学啓蒙書を書くべきである。これらの仕事は、現在の〝論文至上主義〟においては、きちんと評価されない。業績にもなりにくく、研究費の獲得にはつながらない。しかし、月並みな論文から、次の世代が育つとは思えない。言い訳のような業績稼ぎ論文では、研究者をスポイルしてしまうか、それとも状況認識の甘い研究者を育ててしまうだけだ。

先にあげた日高敏隆博士は、定量的なデータと定性的なフィロソフィーを対比している（『動物はなぜ動物になったか』一一八ページ）。そして、社会（とマスコミ?）は科学者に対して、概念＝フィロソフィーでなく、はっきりとしたデータだけを要求すると嘆く。今日見られるような、データ至上主義と同じ話だ。しかし、そもそも人間にとって、データは定性化されて初めて意味を持つ。その作業は機械にはできない。ということは、要するに、科学者に機械になれと強要しているに等しい、と日高博士は言う。こんなの科学じゃない!

科学者にとって何が一番大切なのか。

「データを理解することとは、定性的、感覚的である。と同時に、発想つまり、どういうデータをとろうと思うかも、当然、定性的、感覚的である。そしてこの部分と、データを理解する段階とが、人間が主体的に科学にかかわるはずの部分なのである。」

私は、日高敏隆博士が京都大学に移られる直前の一九七四年、東京農工大学工学部における最後の生物学の授業を受けた一人である。

第2章
日本人の科学は言葉から

言葉のなかった時代

何よりもまず、再確認してほしい事実がある。それは、今から約一六〇年前の明治維新あたりの日本では、近代の科学や技術に関する言葉自体がほとんど存在しなかった、ということだ。江戸時代末期、日本語には「科学」も「技術」という言葉も存在しなかった。これは当たり前で、当時の日本には、科学とか技術とかの概念そのものが、存在しなかったからだ。

社会に言葉さえ存在しなかったのに、それから約三〇年たつと、早くも日本から世界一流の科学的成果が誕生する。そして一五〇年後の二一世紀に入ると、ほとんど毎年のようにノーベル賞受賞者が誕生する社会に変貌するのだから、よく考えてみれば、これは奇跡と言っても過言ではない。

科学の発見とともに作られる言葉

私たちが日常的に使う言葉の中の、いわゆる学術用語が存在しなかった時代を想像できるだろうか。例えばこんな一文があったとしよう。

「原子核は陽子と中性子から成り立っており、その原子核のまわりを電子が軌道運動し、そうした軌道群は電子殻と呼ばれる構造をつくっている」

この一文の中の専門用語（術語）つまり、原子核、陽子、中性子、電子、そしてそれらの状態表現である軌道運動、電子殻といった言葉は、ほとんどすべて、二〇世紀に入って作られた。

この意味は、その英語表現であるニュークリアス（原子核）、プロトン（陽子）、ニュートロン（中性子）、エレクトロン（電子）といった言葉もまた、二〇世紀の英語体系の中で作られた新しい言葉だ、ということである。なぜなら、これらの存在そのものが、二〇世紀の科学の発展によって発見されたものだからだ。つまり、明治維新のころの坂本龍馬や勝海舟などはもちろん、リンカーン米国大統領も英国の作家ルイス・キャロルも、原子核とか陽子といった存在を、まったくご存じなかったということである。

ただ、科学的に発見されたとしても、そこからすぐに日本語の原子核とか陽子とかが出てくるわけではない。いったい誰が、陽子、中性子、電子などという日本語を創造したのだろうか。残念ながら私は「誰々が創った日本語である」と断言できる証拠を持っていない。ともあれ、科学史においては、中性子は一九三〇年に発見されたが、一九三二（昭和七）年に書かれた長岡半太郎（一八六五～一九五〇）の随筆には、まだ陽子も中性子も名前が出て来ていない。ただし、例えば湯川秀樹の一九三四（昭和九）年一〇月二四日の日記には、neutron, protonという英語での記載がある。まだ訳語がなくて、英語をそのまま使っていたのかもしれない。

翻訳言葉は、英語にない意味合いを持つ

ところで、陽子ということばが典型的な例なのだが、この陽子の「陽」は陰陽の陽、つまりプラスという意味を含んでいる。つまり、日本語の陽子は、プラス電荷を持った粒子ということが、あからさまにわかるようになっている（原子核における電荷の議論から、陽の字が採用された）。ところが、英語のプロトンのプロトの意味は、「最も基本的な」ということだけなのだ。つまり、プロトンにはプラス電荷の意味など皆無で、単に基本的な粒子というにすぎないのである。英語と日本語では、これだけ大きなニュアンスの差がある。ということは、その先の違いもまた、十分に大きいことを予感させてくれるではないか。

一方、電子（電気を持つ粒子）のエレクトロンだが、日本では江戸時代に平賀源内のエレキテルがあるから、明治以前にすでに電気という言葉は使われていたらしい。したがって、現代人はどうかわからないが、電子という言葉を初めて聞いた明治ないしは大正時代の知識人は、摩擦起電器を思い出したに違いない。

一方、英語のエレクトロンの方は、欧米では、実に古代ギリシャの時代から、琥珀を毛皮でこすると静電気を出すことが広く知られていた。一六世紀末にはエレクトリカという言葉が英国で使われたという。だから、やはり摩擦電気がイメージされたと思われる。

つまり電子やエレクトロンという言葉は、洋の東西を問わず、静電気をもたらす粒子というニュアンスを持っていた。しかし、陽子の反対のマイナス電荷をもった粒子、つまり陰子とは呼ばれなかったのである。ちなみに、電極のように具体的に電気を扱う場合は、きちんと、陽極、陰極という使い方がされている。

「科学」という日本語は誰が考案した?

日本人が近代文明としての西洋と出会ったのは、江戸時代の終期から幕末期にかけてである。実は、西欧でも、今日のような独立した「サイエンス」ないしは「サイエンティスト」という存在が確立したのも、科学史的にはだいたいこの時期とされている。この言い方は、従来の学問である哲学の中から、一部が「自然哲学」として分かれ、ラテン語からとったサイエンス(知の行為)という言葉が使われ出した時期、という意味である。

もちろん、科学という知的行為の始まりは、古代ギリシャまでさかのぼることができ、ガリレイ(一六世紀)やニュートン(一七世紀)によって近代科学は始まったわけである。しかし、今日使われている「サイエンス」という言葉、そして日本語の「科学」という言葉は、実はそれほど昔から使われていたわけではないのだ。

私は、かなり昔から、サイエンスという英語を、いったい誰が「科学」という言葉に移し替えたのか、その史料をずっと探してきた。正直言って、なお、確たる証拠はつかめていない。ただ、科学史の研究者などに聞くと、みな「西周（にしあまね）でしょう」と言う。

福沢諭吉（ふくざわゆきち）（一八三五〜一九〇一）に比べると知名度は低いが、今日、日本語（漢語）による学術用語、専門術語がきちんと存在し、日本語という自分たちの言葉で学問・学術・科学ができるのは、実は西周をトップ格とする当時の人々の努力のおかげなのである。すでに述べたように、世界を見渡しても、欧米の言語とまったく異質な母国語を使って科学をしている国など、聞いたことがない。

実は科学に限らない。法律、哲学、人文科学、社会科学など、私たち日本人は「自分たちの言語」に翻訳し置き換えて、質の高い学術・学問・社会活動を展開しているのだ。自慢していいのは、その翻訳作業と統合化や体系化を実行したのが、漢字の本家の中国ではなく日本だというところだ。この事実をまずしっかりと認識したい。

調べれば調べるほど、特に西周なくして、日本語の近代学問はありえなかったと思うようになる。表立って言う人は少ないが、たぶん、そう考えている科学者・学者は多いのではあるまいか。

近代学問の恩人、西周と蕃書調所

西周（一八二九～九七）という人は本当にすごい。生まれ育ちは、森鷗外（一八六二～一九二二）と同じ津和野藩で、二人は親戚関係にある。いまでも島根県津和野に西周の生家が残されているが、現代の感覚からすれば、藩の典医という割には粗末な家である。ここから、明治の大学者、今日の日本の学問の父であり、近代日本の礎を築いた偉人が育ったことを知れば、まさに感慨ひとしおである。

ざっと経歴を紹介すると、西周は、一八二九（文政一二）年に石見国津和野藩の典医の長男として誕生した。早くから頭脳明晰で、四歳で『孝経』、六歳で四書（『大学』『中庸』『論語』『孟子』）などを学んだと言われる。二〇歳の時、藩命により宋学の研究にあたり、一八五三（嘉永六）年には同じく藩命により江戸でオランダ語を学んだ。翌年には脱藩して蘭学の研究に専念し、一八五六（安政三）年には、手塚律蔵（一八二二～七八）とともに英語を学んでいる。手塚はこの年に幕府の蕃書調所教授となっているが、若い西周は、五七年に、教授手伝（今日の准教授）に任命された。

少し脱線するが、この蕃書調所こそが、日本における西欧の近代学問への橋頭堡となった組織である。蕃書（蛮書）とは、南蛮すなわちオランダの書籍や文書の意味である。そもそもの始まりは、西欧の外交使節がいろいろ日本にやってきて、長崎のオランダ通訳官だけには任せられないとして、江戸に設置した蛮書和解御用方（一八一一年）が起源。そして、泰平の夢を覚ましたペリー来航（一八五三年）の圧力に対応すべく、徳川幕府は洋学所を開設した（一八五五年）。ところが、その直後に安政の大地震が起こって全壊、九段坂下に建物を新築して、一八五六年に蕃書調所の名でスタートさせたのだった。

頭取は儒学者の古賀謹一郎（こがきんいちろう）（一八一六～八四）、教授は二人で、箕作阮甫（みつくりげんぽ）（一七九九～一八六三）と杉田玄白の孫にあたる杉田成卿（すぎたせいけい）（一八一七～五九）だった（ともに蘭学者）。ここで教授や教授手伝として名前を連ねたのは、明治新政府ならびに近代日本の礎を築いた優れた人材たちだ。日本の化学の祖とされる川本幸民（かわもとこうみん）（一八一〇～七一）なども入っている。すでに述べたように、西周がここに加わったのは一八五七年である。

時計を先に進めると、一八六二年には洋書調所と改称され、一八六三年に開成所となる。明治維新の後は、いちおう明治新政府に接収されたが、数カ月の間をおかずして、官立の開成学校として新設され、そして一八七七（明治一〇）年、医学校と合併して旧東京大学となっていく。このように、明治維新という権力の交替および内戦はあったものの、近代の学問や法律体系を学んだ人々は、江戸から明治へ絶えることなく継続し、明治新政府を基礎から支えていったのだ。もちろん、表舞台に立った人も多い。

学問から法律まで、近代用語を翻訳

西周の経歴に話を戻すと、一八六二（文久二）年九月から一八六五（慶応一）年まで、オランダに留学した。この時の同行者には、後に法学の専門家となる津田真道（一八二九～一九〇三）や、五稜郭で戦いながら新政府の海軍副総裁となる榎本武揚（一八三六～一九〇八）などがいた。西や津田は近代法学や学問について、一方の榎本らは、海軍関係つまり国際法や軍事知識、造船や船舶などの知識を学んだと思われる。

オランダで西周は、フランスの哲学者オーギュスト・コント（一七九八～一八五七）の実証主義哲学に傾倒した。このことが、後の日本の自然科学系学問にとって幸運だったと思われる。コントはもともと数学者であり、数学、天文学、物理学、化学、生物学と進んできた学問（人間精神の歴史）は、社会学で完結するとした。その基礎にあるのが実証哲学であるという。ちなみに以上の説明は現代風であって、西周自身は、ソシオロジーという言葉に、社会学ではなく「人間学」という言葉をあてている。

西周は、帰国して開成所の教授に任じられた。明治維新の前後は、徳川慶喜（一八三七～一九一三）に随行して京都に赴き、私塾を開いて講義したという。その内容は『百一新論』として残されている。明治に入ると、沼津兵学校を主宰し、一八七〇（明治三）年からは新政府に参加、学制御用掛などの役について、調査、翻訳、天皇への講義などの役目を担った。

一八七三（明治六）年には津田真道、森有礼（一八四七〜八九、最初の文部大臣）、福沢諭吉らと明六社を興して、『明六雑誌』を通じて啓蒙活動を展開した。日本学士院の前身である東京学士会の第二代と第四代の会長などを務めた。山県有朋（一八三八〜一九二二、内閣総理大臣を務め日本陸軍の父とされる）のブレーンとして、「軍人勅諭」の起草にも関わった。正式の役職ではないのだが、発足時の東京師範学校（現在の筑波大学）の実質上の校長として、その発展に貢献している。

今日も使われている日本における法律用語の翻訳は、明治の初め、津田真道、加藤弘之（一八三六〜一九一六）、箕作麟祥（一八四六〜九七）、西周によって進められたという。その際の参考書になったものは、中国（清）で漢語に翻訳されていた『万国公法』だったとされる。ただ、それより前に、西周と津田真道は留学先であるオランダ・ライデン大学でフィッセリング教授から万国公法（今日の国際法）に関する詳細な講義を受け、その日本語訳原稿を完成させていた。

原稿は幕末の混乱で紛失したが、何者かによって、江戸で『畢洒林氏説 官版 万国公法 全四冊』として刊行された。目次や構成から見る限り、この時点ではまだ、中国で翻訳された『万国公法』と用語の整合性などはとられていないが、その趣旨と意味はしっかりと理解していたと思われる。

概念自体がなかった時代の言葉づくり

ここまで述べてきたことは、幕末から明治期にかけて、西欧近代文明の概念やそれを表わす言葉を、必死で日本語に移し替える努力を重ねた人々がいたということだ。その一人、代表的な人物の一人が西周だった。法律用語にしても、私たち日本人がよくわかるような言葉にしない限り、めざすべき近代法治国家を作り上げることはできない。また外国との交渉においても、国際的なルールを直観的に理解できるような外交用語体系を、日本語として作り上げないかぎり、交渉も何もあったものではない。

法律用語だけでなく、学問の世界もそうだった。そもそも、哲学とか観念といった基本概念さえも、江戸時代の日本には存在しなかったのだ。それに似たものはあったのかもしれないが、近代西欧文明のような定義をはっきりとさせた言葉の体系というものは、存在しなかった。ということは、おそらく、この時代の日本の知識人にとって、西欧の新しい知識は、黒船よりも衝撃的内容を含んでいたのではないだろうか。

ともあれ、当時の学問の最も基本であった哲学に関する学術用語は、西周によって創造された。これには証拠がある。一九三三（昭和八）年一〇月に岩波書店から刊行された『西周哲学著作集』の序文にある井上哲太郎（いのうえてつたろう）博士の西周についての文章に、次のような記述が残されているのだ。

「……明治初年にいたって哲学に関する著訳を発行し、加藤弘之、西村茂樹（にしむらしげき）等とともに、我が国哲学発生の源頭をなしたのである。……明治七年に『百一新論』を著して、百教みな哲学によって総括せらるべきことを論じたのである。哲学という術語の用いられたのも、これをもって始めとなすのである。同年また、『致知啓蒙』を著してこれを発行したが、これがまた、我が国における論理学の嚆矢である。ただし、論理学という術語は氏の訳語ではない。……その翌年、米国人ジョセフ・ヘーブンのメンタル・フィロソフィーを訳して『心理学』と題し、……発行したのである。心理学という学名もこの書名によって一定したのである。……氏は、蘭、英、仏の諸国語に通じ、また漢学の素養があった。漢学は主として頼山陽の門人後藤松陰に学んだのである。それで氏は訳語を鋳造することすこぶる巧妙で、しこうしてまた文才に富んでおった。……」

母国語＝日本語で科学ができる世界でもまれな国

このように、西周などによって、近代西欧の学術用語が、日本語漢語に翻訳されたことは、東アジア文化圏にとって、僥倖であったとしか言いようがないであろう。それはどういうことかというと、現代の私たちは、母国語で科学ができるということ、母国語で心理学や哲学の議論ができるということなのだ。

このことを大声で言っているのだが、一部を除いて、なかなか理解してもらえずに苦労している。世界中の人は、科学技術の分野において、サイエンス（科学）とかアトム（原子）とかセル（細胞）とか呼んでいるのだが、もし私たちの日本語に原子や細胞という言葉が作られなかったら、同じ英語の言葉を使うしかなかった。もしそうなら、私たちはただの表音記号でしか術語を知らないことになっていたのだ。

英語が母国語の人であれば、例えばセルというものは「細分化された一区画」だとわかり、セルラーホン（携帯電話）の周波数割当方式も同じイメージだと直観できるであろうが、私たち日本人にはその類推ができないことになる。しかし、細胞であれば、小さな膜に包まれたものという意味だから、おのずとイメージが湧いてくる。宇田川榕庵が一八三三年に「細胞」と翻訳してくれたのだ。

この地球上で、母国語で科学をしている国は、そう多くはないと思う。欧米言語圏で、例えば科学という言葉に限っても、ラテン語系の「サイエンス」に類似する言葉以外を当てているのは、たぶんドイツ語のヴィッセンシャフト（Wissenshaft：知の根幹という意味）だけではないか。それでもドイツ語の科学用語では、多くのラテン語系の言葉をそのまま流用している。

あとは、漢字文化圏つまり、日本と中国とおそらく朝鮮半島の人々だけが、サイエンスとまったく別の表現を採用している。それが「科学」という言葉である。すでに述べたように、この「科学」という言葉を「サイエンス」という概念の漢語訳として採用したのが、十中八九、西周なのだ。断言できないのは、これが確たる証拠だ、というものが残されていないことと、科学という言葉が科挙の学問という別の意味ですでに使われていたらしいからである。

付け加えておくと、幕末から明治にかけて、西欧の概念を漢語に置き換える際に、すべて新しく造語したわけではなく、すでにあった漢語を別の意味に転用・流用したケースもかなりあったという。

「科学」という言葉の記載

でも、一八七四（明治七）年一二月に刊行された明六雑誌に掲載された「知説四」という西周の文章に、演繹法と帰納法の違いについて論じた後、次のような文章がある（『西周全集』第一巻四六〇ページ。ひらがな表記で示す）。

「かくのごとくして事実を一貫の真理に帰納し、またこの真理をついで前後本末を掲げ、著して一つの規範としたるものを学（サイエンス）という。すでに学によって真理瞭然たるときは、これを活用して人間万般の事物に便ならしむるを術という。ゆえに、学の旨趣はただもっぱら真理を講究するにありて、その真理の人間における利害得失のいかんたるを論ずべからざるなり。」

そのさらに少し後に、学と術の違いに関して、次の記載がある。

「ゆえに学は人の性において、よくその智を開き、術は人の性において、よくその能を益すものなり。しかるに、かくのごとく学と術とはその旨趣を異にするといえども、しかれども、いわゆる科学に至りては、二つ相混りて判然区別すべからざるものあり、たとえば化学のごとし。あらまし、分解法の化学はこれを学というべく、総合法の化学はこれを術というべしといえども、また判然あい分かつべからざるもの、あるがごとし。」（傍点引用者）

このあたりで西周が何を言っているかというと、「要するに、帰納法によって成立する真理が学＝サイエンスであり、そこから敷衍するものが術＝応用学である。学はもっぱら真理を追究する営みで知性と知識を生むものであるが、ある種の学術になると、学と術の区別を明確に分けることが難しくなる。化学の場合、基本にさかのぼっていくのが学であり、一般化するのが術であろうが、現実には、両者は一体不可分である」ということだ。

この明治初期、科学という言葉は、多くの場合、学術の一つ一つ、つまり学問の一科のような意味で使われることが多かったように思われる。したがって、ここで西周が使った科学という言葉は、「学科」の誤植かもしれないという歴史家（大久保利謙氏）の指摘が残されている。

しかし、この文章を現在風に「科学」と読み取っても、何ら違和感は覚えない。しかも、西周の「学」という言葉を今日の科学、「術」を技術の意味に取れば、まさに、「学術」とは今日の広義の科学技術にほかならないわけである。〔佐々木力氏も『科学論入門』（岩波新書）で誤植としないほうがよいと記している。〕

百学連環

西欧にはさまざまなジャンルの学問が存在する。西周たち幕末明治の知識人はその現実に直面し、その専門用語（術語）を漢語主体の日本語体系に取り込もうと格闘した。言葉の概念を移し替えることは、言葉で構成される知識体系を知る第一歩だったからだ。西の著作に『百学連環』

というものがあり、これは一八七〇（明治三）年に私塾で講義した内容だ。
では、百学連環とはどういう意味か。この言葉は、英語のエンサイクロペディアを西周が日本語に翻訳した言葉なのだ。エンサイクロペディアは百科全書や百科事典、つまりあらゆる学問内容を含んだもの、ということである。西周の翻訳がすばらしいのは、こうしたさまざまな学問すべて、つまり「百学」が、互いに補い合い、支えあって、大きな人類の知の体系が作られていることを、ずばり「連環」と喝破、表現したことではないだろうか。
この百学連環の講義に登場する学問分野の名前を単純に並べてみよう。

「普通学　歴史　地理学　文章学　数学　殊別学　心理上学　神理上学　哲学　政事学　計誌学　格物学（器械学、静学、動学、流体学、同静学、同動学、気体学、音論、熱論、光論、電論、磁論、気界学）　天文学（占象学、環年、行星、太陽円区、暦）　化学（機性体化学、無機性体化学、元質の考え、親和力）　造化史」

化学、天文学、地理学、数学などは、かなり昔から日本に入ってきたか、あるいは昔に作られていた言葉である。しかし、そうした名前以外、今日まで生き残っている学問の名前が少ない。特に明治期において、おそらくは、その学問の内容が詳しく理解されるようになって、新たな日本語が作られ、それに置き換えられていったか、あるいは、近代科学の発展によって、その学問自体が古くなって消えていったケースもあるだろう。

なお、右にあげた中の「格物学（かくぶつがく）」は、フィジックスつまり今日の物理学のことである。それ以外にも、フィジックスは理学とも訳されている。自然科学というニュアンスが強い言葉だ。フィジカル・サイエンスは物理上学という言葉になっている。このように、英語の持っている多義性に対応して、いろいろな漢語を動員しており、その教養の深さに非常に驚かされる。

いつ、一般社会で「科学」と呼ばれるようになったのか

すでに触れたように、科学という言葉自体はまず、個別の学術という意味で使われ、西周の頭の中で、普遍性をもったより抽象度の高い学術・学問という形で、科学と意識されたのではないか。しかし、学問に関心を寄せる人々の中でさえも、まだ一般的な言葉としての「科学」は、広くは普及しなかったのではないかと思われる。「学術」や「学」で事足りたのだ。

しかし、明治初期から明治の終わりまでの間に、いつとは特定できないけれど、まちがいなく「科学」という言葉が一般社会にデビューする。まさに英語のサイエンスに対応するものとして、広く一般社会で普通に使われる言葉になるのだ。その証拠は、例えば夏目漱石だ。漱石は、随筆などで「科学」という言葉を今日の私たちとまったく同じ意味、感覚で使っている。「……一般の社会は今日といえども科学という世界の存在については殆ど不関心に打ち過ぎつつある。……」（一九一一〈明治四四〉年七月一四日の東京朝日新聞に掲載された「学者と名誉」より）

あるいは、「科学」という言葉の普及は、明治三〇年代前後に起こったのかもしれない。というのは、近代日本で最初に編纂された国語辞典は、一八八九（明治二二）年に発行された大槻文彦（一八四七～一九二八）による『言海』であるが、その収録語の中に「科学」という言葉は入っていない。しかし、物理学、化学、天文学、地理学、動物学、植物学といった個別の学問の名前だけでなく、分野としての名前である生物学（動物学と植物学）、博物学（動物学、植物学、鉱物学）、さらには大分類である理学（物理学、天文学、化学、地質学、生理学、解剖学、博物学など）まで入っている。ということは、たとえ「科学」という言葉がすでにあったとしても、多くの人に広く使われていたわけではなかったらしい。

なお、破傷風の研究で第一回ノーベル賞の最終候補となった北里柴三郎博士（一八五三～一九三一）による一八九六（明治二九）年の雑誌記事の中に、「この事実はいやしくも多少科学の心得のある者は……」という表現がある（『北里柴三郎 破傷風菌論』哲学書房、二〇二ページ）。つまり「科学」という言葉は、この段階で一般用語に移る一歩手前まで近づいていたことがよくわかる。

そして、その一〇年後の明治四〇年代、夏目漱石はもう、随筆の中で日常用語として「科学」という言葉をたびたび使っているわけだ。したがって、この間に、何か大きな出来事か、科学を一般の人々に広く認識させる出来事があったのかもしれない。一八九四（明治二七）年から九五（明治二八）年にかけて日清戦争が起こり、日本は勝利している。その後、中国の学生の日本留学ブームという現象が起こり、中国で、西欧近代の諸文化や近代化を日本の明治維新から学ぶという動きが起こっている。

そのような流れの中から、幕末期から明治期に西周たちが作った「近代の学術用語や法律用語」が、まとまった形で、中国に導入されていったのは周知の事実だ。漢字文化圏にある一つの国として、中国に立派なお返しをしたということである。

北里柴三郎、高峰譲吉、長岡半太郎、池田菊苗……

もちろん、今日の中国語では、科学、物理学、天文学、化学、動物学など、科学技術に関する言葉の多くが、日本と共通の言葉として使われている。一時、中国では、例えば「化学」のようなもともとは中国で作られた言葉でさえ、日本で作られたと認識されていたらしい。少なくとも二〇年ほど前はそうだったという話を、中国で教鞭をとられた経験を持つ日本人数学者に聞いたことがある。

いずれにしても、ここで謎を解こうとしている「科学」という言葉の普及については、なお「これだ」という明確な証拠は見つかっていない。日清戦争の一〇年後の一九〇四（明治三七）年から〇五（明治三八）年、帝政ロシアと日露戦争を戦い、実質上はともかく名目上は勝利しているわけだ。ちょうどこの二〇年の間に、科学という言葉は、辞書に載っていない言葉から流行作家が普通に使う言葉へと変容した。日本が帝国主義国家を完成させ、外に向かって動き出した日の出の時期に当たっているのが興味深い。

この時期、日本の科学分野においても、めざましい成果が輩出している。北里柴三郎による破傷風菌の培養（一八八九〈明治二二〉年）、櫻井錠二（一八五八〜一九三九）による沸点測定法（一八九三〈明治二六〉年）、高峰譲吉（一八五四〜一九二二）によるタカジアスターゼの発見（一八九四〈明治二七〉年）、志賀潔（一八七一〜一九五七）による赤痢菌の発見（明治三〇年）、南方熊楠（一八六七〜一九四一）の海外での活躍（一八八七〈明治二〇〉〜一九〇〇〈明治三三〉年）、長岡半太郎の土星型原子モデル（一九〇三〈明治三六〉年）、池田菊苗（一八六四〜一九三六）の旨味の発見（一九〇七〈明治四〇〉年）……。これらは、今日の評価レベルで見ても、世界でトップクラスの成果と言ってよい。ということは、まさにこの時期に、日本の科学はすでに世界と肩を並べる高い質を持つに至ったのである。

ところで、言葉にこだわれば、これら日本科学の先人たちは、いったいどの程度、日本語による科学用語を自らのものとしていたのだろうか。北里柴三郎博士の文章や評論を読むと、大筋において、今日使われている医学用語が使われ、きちんとした合理的で科学的な議論が重ねられていることがわかる。つまり、研究室においては、今日の日本の科学者同様、日本語と英語ないしは日本語とドイツ語の二カ国語を使って、科学という知的な営みが進められていたのかもしれないが、少なくとも公式な場では、今日と変わりないレベルで、日本語による科学が展開されていたようだ。

この明治後期の業績の中には、日本らしいというか、日本人でなければなしえない成果も多い。池田菊苗博士の「旨味」は、甘酸塩苦というそれまでの四つの味覚の常識をひっくりかえした成果であり、「味の素」となって全世界に普及していくものだ（和食のユネスコ無形文化遺産ともつながっている）。ともあれ、この明治二〇〜四〇年代に、すでに、日本の科学、つまり日本語の科学は、世界の一線で競える科学者を生み出すような一般性をもった環境を備えていたと言えるのではないだろうか。

この章ではまず、日本人の科学は日本語によってなされていること、そして、そのもととなる言葉は、幕末明治の知識人たちの努力によって欧米語から漢語に翻訳されたことを再確認していただきたい。これは否定しようのない事実である。

第3章
日本語への翻訳は永遠に続く

直観的にわかる漢字表記が大切

科学という知的な営みを、私たち日本人は、日本語漢語という母国語を使って実行していることを指摘した。また、それは世界的にもきわめて希有なケースであることも述べた。

ただし、もちろんそれは骨格の話であって、今日の科学においては、例えば新しく合成される化学物質や生命科学系の分子や機能因子などは、もはや多すぎて日本語化できない状態にある。というより、そうしても無駄な面が強い。ゆえに、英語表記をそのままカタカナで表記したり、英語略語（DNA、iPS細胞など）で表記したり、要するに英語と同じように使っている。

いまのところ問題はないようだが、あえてカタカナ表記を選ぶ場合ならいざ知らず、翻訳する労をいとうためのカタカナ表記というのも散見される。この手の科学者のサボタージュが、将来の日本の科学に何らかの悪影響を与える可能性は無視できないと思う。翻訳の意義を強調するため、一つだけ名訳をあげておくと、最近、一般の人々にも広く知られるようになった「葉酸(ようさん)」がある。これはプテロイルグルタミン酸でありビタミンB複合体である。命名者は日本学士院会員の柴田承二(しばたしょうじ)(一九一五〜)東京大学名誉教授である。

こういうきれいな日本語があると、物質や存在が身近になり、ひいては新しい学問の展開にもつながると思う。現在の日本の分子生物学などでは、具体的なイメージの湧かないカタカナ用語が濫用されており、実際に大した成果も得られていない。それに引き換えiPS細胞などは、発生学や再生医療という誰でもわかる言葉をもった分野の一テーマであり、マスコミの応援団もつきやすい。免疫学も愛される分野であり、これも誰にでもわかる専門用語が多いからだといえよう。言葉はまことに大事なのだ。

翻訳という営みは終わらない

幕末明治以降、日本人は日本語で科学をする道を選択した。近代文明を日本語で受容する道を選んだのだ。ということは、今後も、新しい科学用語は基本的に新しい日本語に翻訳していかねばならないということだ。それが一六〇〇年以上続いた日本の近代学問、科学や技術の伝統なのであり、過去に創造され、蓄積されてきた知的財産を継承していく唯一の道なのである。もちろんこれは、科学や技術だけに限られない。法律や外交からはじまり、哲学や思想から社会や文化まで、ありとあらゆる面について言えることだ。

まわりくどい言い方はやめよう。日本の科学と技術、少なくともそれを少しでも担う研究者や科学者や技術者は、日本語とともに英語でも科学を進めていかねばならないということなのだ。実際、今日だけでなく過去の科学者・技術者の多くは、英語の文献を読み、英語の論文を書き、世界のライバルと競争してきた。

おそらくその意味では、日本のあらゆる文化において、最も英語を実質的に使いこなしてきたのが、科学や技術の分野ではないだろうか。概念を受け入れて消化し、言葉を作り、それを自分たちの血肉とし、新たなレベルへと昇華させてきたと言える。

もちろん、日本の科学者でも英語が完璧に使える人はたぶん多くはない。しかしそれでも、ノーベル賞級の仕事をどんどん生み出すことができるのは、周辺も含めて、内容込みの英語をどの分野よりも確かに消化し、使いこなしているからではないだろうか。つまり、英語というより、科学や技術の内容に関して、すでに日本のこの領域の人々は世界のトップを走っているのだ。

九月入試でも外国人は増えない

東京大学をはじめ、日本の大学が九月入試の検討を進めている。その法的な根拠は、例えば、平成一九年六月一九日閣議決定の経済財政改革の基本方針二〇〇七にある「国際化・多様化を通じた大学改革」などである。つまり、九月入試は、大学のグローバル競争に対応したものであるという。

しかしこれは真っ赤なウソである。そんなことをしても日本の大学がグローバル競争できるようにはならない。この手のウソはもう何百回、何千回と繰り返されてきたので、普通の知性をもった日本国民であれば「またバカが議論のための議論をやっている」と受け流すであろう。

でもちょっと待った！　それが最近はそうでもないのだ。日本はグローバル化することでしか生き残ることはできず、そのためには、国際言語である英語を自由に使える国とし、制度も外国とできるだけ共通に近い形にしなければならない、と本気で思っている人がいるらしいのだ。

でも、それなら簡単だ。英語を準公用語にするとか、まずはすべて英語で運営する大学を認可すればいい。中途半端は百害あって一利なしであろう。しかし、それが何を生むのか、いかなる事態を引き起こすのか、少しは考えた方がいい。

それがわからない人のために、私の友人のケースを紹介したい。

友人の娘さんの憂鬱

大学時代の友人に、娘二人を高校時代からオーストラリアに留学させた男がいる。一〇代で出かけたので、英語は堪能になり、そのままオーストラリアで大学に進んだ。あるとき、長女のA子さんが、ものを書くことが好きなので、将来、科学ライターのような職業に就きたいと考えるようになった。そこで私に相談があり、夏休みに帰国した時に会って話を聞くことになった。その時、本当に予想もしない現実に驚かされたのである。

まずは、どんなことを大学で専攻されているのか、聞いてみた。どういう説明が返ってきたか、想像できるだろうか?

「バイオロジーの中でもイミュノロジーに近いところをやっていまして、ヒストコンパティビリティーコンプレックスの……えぇっと、日本語で何と言うのでしょうか……」

A子さんの日本語は、決しておかしくはないのだ。ところが、科学に関する言葉、正確に言えば術語(ターム)のほとんどすべてが英語なのである。考えてみれば当然であろう。高校時代以降の知識は、ほとんどすべて英語で積み重ねてきたのだから。幸い、私は長年、科学雑誌の編集という仕事をしてきたので、「どうぞ、かまわないので英語のタームで結構です、私はわかりますから」と応答し、説明してもらったのだった。もちろん同席していた友人、つまりA子さんの父親は肝心な部分はほとんど理解できなかったと思う。彼の専門は光学だったからだ。

このような教育を受けてしまったA子さんが、日本で日本語の科学ライターになるのはほとんど不可能であろう。どうしても、というのであれば、英語と日本語の術語の対応関係をすべて覚え直さなければならない。

実は、これは、日本で科学を学び、研究者になろうとする人であれば、ほぼ全員が必ず通る道の「逆」なのである。つまり、日本の研究者は、まず日本語の術語を学び、それと対応する英語を一緒に学んでいく、ということである。

英語で科学を学んでしまったA子さんの将来の選択肢は、かなり限られてくると感じたものだ。例えば日本の医薬品メーカーの研究所に勤めようとしたら、どうなるだろうか。日常会話は日本語、学術用語は英語というケースは結構あるのだが、たぶんA子さんはもう、用語だけでなく科学そのものを英語で理解し考える脳になっているのではないか。だとすれば、日本メーカーでなく、英語が日常語の欧米の医薬品メーカーに就職した方がチャンスは大きいのではないか。

また、もし科学ライターになろうとするなら、日本ではなく、英語圏で、記事を書く仕事を探した方が可能性は高いのではないだろうか。しかしA子さんは、そうした、意志を前面に出すような表現は、日本語でやりたいようだった。というより、そうした微妙なニュアンスを英語で表現できる自信はないように見えたのである。

思いつき政策はダメ、本質から考えよう

私は、これは大変なことだと思った。A子さん本人も、その親である友人も、そのことにようやく気がついたようだった。いわゆる帰国子女の中には、国内の厳しい入試選抜をすり抜けるために（つまり大学入試で明らかにゲタをはかせている帰国子女枠に入る条件を獲得するために）、手段として意図的に留学の機会を作っている人も多いといわれる。こういうケースは、最終的には日本語で生きていこうというわけだから、問題はない。

しかし、英語で思考力や基礎学力をつけてしまった人は、英語圏で生きていくのが自然なので

あろう。外国の大学に進み、もし科学者になるのであれば、外国で修練を積み、競争に勝ち抜き、外国で大学研究者か企業の研究所に就職するしか、道はないのではないか。日本語を棄てて、外国で生きていった方がよいと思う。そして結局、A子さんは、オーストラリアで人生を送る道を選んだ。

文部科学省は小学校三年生から英語教育を進めようとしているが、それは、しっかりとした国語教育があった上での英語学習でなければならない。これは当たり前のことである。日本語が正確に使えないことには、日本文化の構成員となりえないからだ。そうでなくとも、きちんとした日本語表現ができないような人が出てきているのだから、英語よりもまず国語教育の充実が大事であろう。特に、最も英語を必要とするかにみえる科学や技術の分野において、すでに日本人は、世界のトップレベルの人材と成果を出しているのだから、現状の教育でいいという証明ではないか。何も改めて小学校から英語教育をする必然性はないと思われる。

元大阪大学総長の岸本忠三（きしもとただみつ）博士（一九三九〜）は、インターロイキン6の発見者で世界的に有名な免疫学者だ。そこから生まれた関節リウマチ薬「アクテムラ」は今や一〇〇〇億円以上の売上を誇る。その博士が二〇一四年九月九日付の朝日新聞夕刊でのインタビューで次のように語っている。

「「小学校から英語教育を」といいますが、中身がないのに、英語だけぺらぺらでもだめやと思います。話の内容に価値があれば、下手な河内弁英語でも、相手は一生懸命聞く。日本語でも同じとちゃいますか。」

ちなみに河内弁英語とは、発音や抑揚が他の人と異なる岸本博士の話し言葉の英語のことだという。本質を見抜いた素晴らしい意見だ。周知のように、大阪大学（医学部）は緒方洪庵（一八一〇～六三）による適塾の流れを汲んでいる。

誤った教育政策が多くの犠牲者を生む例は、一九九〇年代の「大学院重点化計画」、および「ポストドクター等一万人支援計画」を見れば、明々白々である。大学教授や研究機関の研究員という将来の甘い夢を見せられながら、社会の落ちこぼれのような存在となってしまった「博士」が、何千人もいる。

文科省はその失敗政策をカバーするために、いまなお多額の支援策を継続的に実施しているが、行方不明となった博士もかなりいるらしい。思いつき政策の犠牲者、という言い方もできるし、そもそも能力や適性のない人間にウソの夢を与えてしまった詐欺、という言い方もできる。法科大学院の大失敗もまったく同じ話である。地震予知関係の研究も、東北大震災に何の貢献もできず、結局のところは失敗だった（だから、二〇一二年に地震予知という言葉を地震予測に変更したわけだ）。

ここ二〇～三〇年を振り返ると、こうした国の誤った政策がいやに目につく。高級官僚にそれほどまともな人材がいなくなったのであろうか。

英語の準公用語化なんて、ナンセンス

英語教育に絞って話を進めよう。いまの九月大学入試の話には、「何がグローバル化か?」という大事な議論があるのだが、それも、たぶん英語と日本語の話を詰めていくと、おのずと議論の俎上に乗ってくると思われる。

本気で日本の科学をグローバル化しようとするなら、結局のところ、いずれは英語を準公用語にして、小学校入学時から英語教育を始めようという話になると思われる。日産自動車がゴーン社長のリーダーシップの下に、社内の会議や文書の英語化を実施し、外側から見る限り、ソコソコうまく行っているように見えることが、推進派を勇気づけているのかもしれない。ビジネスは英語でも行ける、というのだ。しかし、設計システム分野で日産と仕事をしている友人の話を聞くと、日産社内の英語公用語にまったく問題がないわけではない。その正否は時間が教えてくれるだろう。

英語教育に関しては、日本全国の小学校ではすでに、正規な教科ではないものの「外国語活動」として五年生から英語教育が実施されている。文科省は、これを、三年生開始まで前倒ししようとしている。

英語教育の充実自体に異論をはさむつもりはないが、それよりは国語教育、科学教育の充実の方がはるかに先であろう。また、英語教育をそんなに大事に思うのであれば、極端な条件、つま

り英語の準公用語化が何をもたらすのか、少しは考えてみた方がよい。

　こういう話の反証に出して大変に申し訳ないのだが、フィリピンでは公用語はフィリピン語と英語だという。確かに日本に来ているフィリピンの人は英語を自在に話す人が多いように思う。それならフィリピンはグローバル化しているのか。

　たぶん、している。何が本当の目的かは知らないが外国人が多くフィリピンを訪れ、またフィリピンの人は日本も含め、さまざまな国に出稼ぎないしは移住しているからだ。例えば米国では、フィリピン系アメリカ人は四〇〇万人いるといわれ、アジア系としては中国系に次ぐ多さだそうだ。困ったことに、フィリピンの富裕層が自国を棄てて移住してしまい、社会の発展繁栄に必要な知と財が、自国に供給されないらしい。この傾向はお隣りの国々と似たような話だ。

　フィリピンは確かに国際化ないしはグローバル化しているのであろう。では、こういう形のグローバル化が、はたして人類のめざす理想の形なのであろうか。もちろんそうではないと思う。日本とフィリピンを比較しようとしても、人口や経済規模や社会福祉など、そもそも比較にならないほどの差がついてしまっているではないか。科学技術においては比較どころの差ではない。アイデンティティーのないグローバル化など、百害あって一利なしである。

　これを見ても、「英語の準公用語化によって、国際化ないしはグローバル化を達成する」というテーゼが、社会に幸せをもたらすものなのかどうか、理解できるであろう。グローバル化とは、簡単でも正しいものでもないことがわかる。「英語の準公用語化でグローバル化ができる」という論理には、付帯事項がついているのだ。

そもそも日本の科学界は、毎年、数で言っても世界で第六〜七位の科学論文を生み出している。内容を勘案すればもっと大きな貢献をしている。科学においては、事実上、アジア＝日本なのだ。非常勤講師をしている東京農工大学での感想だが、数年前に比べて、留学生の日本語がとても上手になった。彼らは、日本語で科学する意味とメリットをきちんと理解しはじめているのではないか。

私がなぜ科学における英語と日本語にこだわるのか、それは、これまで私が関わってきた職業と無縁ではない。そこで次に、私自身の英語との関わり合いについて少し述べてみたい。

科学論文誌と科学雑誌

すでに述べたように、私は、四〇年近く前から、科学技術という分野で、ほぼずっと、英語と日本語に向き合ってきた。科学雑誌の編集者として、また科学技術記事のライターとしてである。そこから言えることが、科学を日本語でやっても何ら問題は生じないし、むしろ、プラスの面があるのではないか、ということだ。ご存じのように、いまや日本は、毎年一人の割合でノーベル賞受賞者を輩出する国となった。非欧米言語圏でこんな国は世界を見渡しても存在せず、英語でなく日本語で科学をすることが、あるいは逆にメリットになっているのではないか、と考えられるのだ。

もちろん、私のここでの議論は、英語を使わないということではなく、まずきちんと日本語で理解し、同時に、それに対応するような英語もきちんと学んでいくことを前提にしている。それが日本の科学であり技術のあり方なのだ。江戸時代の学者が日本語と漢文を学んだように、今日、日本語と英語を学んでいくことが、結果として学問を深め、世界の科学技術にかけがえのない形の貢献をすることになるのではないか。そんな予感を持っている。だから、それは決して英語だけ、日本語だけで、科学や技術知識を習得することではない。

日本の新聞や雑誌の科学ニュースではよく、「英国の科学雑誌ネイチャーによると」とか「米国の科学雑誌サイエンスによると」という記事が多い。この場合のネイチャー誌やサイエンス誌は、正確に言うと科学雑誌ではなく、科学論文誌である。科学雑誌と科学論文誌の違いは、「論文」を載せるか載せないかである。この場合の「論文」というのは、同じ科学者による匿名の審査過程を経ていて、「論文として発表するに値する新しい内容を含んでいる」という保証つきの成果発表報告書のことである。

科学の世界では、新しい発見や知見は、すべて、この「論文」を通して発表され、その発表に至るまで、必ず厳しい複数の専門家による審査過程がある。この審査（査読ともいう）を英語でピアレビューという。ピアは同レベルの専門家、レビューは審査、検査という意味である。

ネイチャー誌やサイエンス誌は科学の世界で最も評価の高い科学論文誌であり、三人によるピアレビューが全論文に対して実施されている。三人なのは、評価者の意見が不一致の場合、二対一となってイエスかノーかが決まるようにするためだ。おもしろいのは、このピアレビューが無報酬で行われているところだ。つまり、科学という行為を進めるためには、未発表論文の掲載の成否を決める各研究者のボランティアが不可欠だ、という共通了解になっているのだ。

このように、科学の世界の最も基本に、「論文」がある。しかし、この「論文」は、もちろん、ものによっては私などでも理解できる内容の場合もあるが、普通は、専門外になると、それがたとえ科学者であっても、なかなか理解できるものではない。典型的な例をあげると、天文学の新しい知見が論文に発表されたとき、例えば材料科学の研究者には何のことかわからない。ポイントを押さえるのは決して楽ではないのだ。もちろん、逆に材料科学の最先端の成果については、天文学者は正確には理解できない。

科学知識を万人のために

しかし、科学知識は専門家だけのものではない。そうでないからこそ、科学研究に税金を投入する価値があると言える。それが、この地球上のすべての国で、科学研究の大半が税金によってまかなわれている理由である。では、分野違いの専門家では理解できない内容を、いったい誰がわからせるのか。

この専門段階から少し一般的なレベルまでの橋渡しは、これまた科学者が担当するのが普通だ。場合によっては、掲載が決まったあとで、審査を担当した科学者が、その論文の位置づけ、内容のまとめ、今後に向けた展望などを執筆することもある。このような記事コラムとして特に有名なのが、ネイチャー誌の中の「ニューズ・アンド・ビューズ」欄である。

私が社会に出て初めて関わった「日経サイエンス」とその原本である英文の科学雑誌「サイエンティフィック・アメリカン」もまた、この専門論文と一般レベルより少し高い読者をつなぐ雑誌である。米国側の編集者は、この「一般人より少し科学知識のレベルが高い読者」のことを、ソフィスティケイテッド・レイマン（見識のある素人）、あるいはエデュケイテッド・レイマン（教養ある非専門家）と呼んでいた。要するに、一般の新聞や雑誌の読者よりは、知識も教養も高い人々で、しかしそれでも分野の専門家ではない人々、という意味である。

私が入社した一九七五年から一〇年間くらいは、日本の科学界で、このことがなかなか理解してもらえなかったように思う。「サイエンティフィック・アメリカン」の科学解説記事は、私たち編集部内では「論文」と呼んでいたように、内容は記事というよりは論文に近い高度なものだった。したがって、内容を間違えないように英語を日本語に翻訳する場合、科学者や技術者にお願いするしかなかった。そして、私自身の記憶であり反省なのだが、日本語の表現としては奇妙な文体になることもたびたびあったのである。このような解説論文は、要するに、今の科学界で言われている「レビュー論文」のことだ。

さて、日本語になった「日経サイエンス」の記事についてだが、例えば天文学の解説は、天文学者からは「易しすぎる」と言われた。そして、天文学以外の専門家、例えば生物学者や化学者からは「難しすぎる」と言われたのである。両方とも日本を代表する科学者である。同じ専門家の人からは、「易しすぎるので、もっと難しくてよいから詳しい内容が読みたい」と言われ、その一方で、専門外の専門家からは、「もっともっと易しく表現してほしい」と言われたのである。

このギャップには、正直のところ驚いた。そして今もなお、このギャップがどこから来るのか、またそれを超えることができないか、模索を続けているのが正直なところだ。ただし、断っておくと、例えば素粒子物理学とか分子生物学とかプレートテクトニクスなど、いわゆる新しい科学分野では、「サイエンティフィック・アメリカン」および「日経サイエンス」は、後にノーベル賞を受賞するような世界最高の科学者による最先端の解説記事をばんばん掲載し、ある期間、まちがいなく世界の科学全体を大きく前に進める最強のエンジン役を果たした。それにはたぶん、「専門外の専門家でも理解できる」というこの編集方針が一番のポイントになっていた。

科学や技術の分野においては、「専門家から一般読者へ」という〝翻訳〟もあることを知っていただきたかったので、以上の例をあげた。ただ言語という点においては、私の場合、ここまでは「英語から日本語へ」という翻訳が大半であった。しかし、それだけでは終わらず、次に「日本語から英語へ」というケースを体験した。

「イリューム」でiPS細胞研究を伝える

二〇〇六年と二〇〇七年の二年間、東京電力が年二回発行していた社会貢献科学雑誌「イリューム」の編集長を務めた。たった四号（第三五～三八号）だけだったが、いずれの号も、世界に出しても遜色のない素晴らしい出来栄えだったと自負している。ここで私が強く意識していたのが世界との競争だった。「日経サイエンス」の時代も、私たちは「オリジナル」と称して、日本人科学者による解説論文を掲載し、日本の科学者も世界の一流科学者に負けない内容の解説論文、レビュー論文が書けることを実証していた。それ以上のものをめざしていたのが「イリューム」だった。

ここで私は、日本発の日本語による科学記事であっても、きちんと世界の人々に伝えられていくことを実感した。それには、後で述べるように、記事末に英語で要約（サマリー）を加えていたこともあるだろうが、それをいかに魅力あるものに書き上げるかが、ポイントであったと思っている。

特に「イリューム」最後の号となった第三八号の発生学特集は記憶に残っている。この号で、発生学の応用についての記事を、田中幹人さんという早稲田大学講師（当時）でもあった若手ライターに取材・執筆してもらっていた。その中に、後にノーベル賞を受賞された山中伸弥博士（一九六二～）の研究紹介があり、その時点では、マウスにおけるiPS細胞の成功を記事のメインテーマに置いていた。

二〇〇七年一一月二一日が、山中伸弥博士がヒトiPS細胞の成功を発表された日なので、その少し前、一五日あたりだったと思う。田中さんのもとに山中博士から電話が入った。「来週半ば、重大な発表をする。これまでせっかく取材して記事をまとめていただいたが、発表前なので詳細は言えないが、それがすべて古くなってしまう可能性がある」というのだ。これには悩んだ。というのは、一二月初旬の発行時期はすでに決まっており、すべての編集作業も終わってデータを印刷所に渡す段階であったからだ。

このような状況の場合、月刊誌の「日経サイエンス」だったら、この号は印刷に回して、次の号で新しいニュースとしてフォローしていた。しかし、「イリューム」は年二回しか発行しないし、次の号がスムーズに発行できるかどうか、微妙な状況でもあった。というのは、二〇〇七年七月の新潟県中越沖地震によって、東京電力柏崎刈羽原子力発電所で変圧器の小規模火災が発生したが、この単なる地震時のボヤが、マスコミの報道によって、まるで甚大な原子力発電所事故であるかのようにすり替えられてしまっていたからだ。

柏崎刈羽原子力発電所の停止による損失をカバーすべく、東京電力は経費軽減策を練っていた。そして、社会貢献雑誌である「イリューム」は東電社内で真っ先に槍玉に上げられていたようだった。「自分の所が厳しいのに社会貢献でもないだろう」という悪魔の主張が力を増していたのであろう。もちろん私は東電の社員でも何でもないので、詳細は一切知らない。

発行日を遅らせる「英断」

ただ、この時に「イリューム」を担当されていた田中俊彦部長（現在長崎総合科学大学教授）

の判断は、雑誌「イリューム」そして東京電力の素晴らしさを歴史に残すことになった。田中部長の判断は、「少しくらい発行日なんか遅れても、内容優先、最高の出来をめざすべきだ」というものだった。田中部長が工学博士であること、そういう人材をきちんと抱えている東京電力の懐の深さ、それゆえに最も優れた判断がなされることに感動したものだ。現在社長をされている廣瀬直己販売営業本部長（当時）が「イリューム」の発行人であり、強いサポートをいただいた。

田中部長の決断により、約一週間、山中伸弥博士の発表まで待つことになった。ただ指をくわえているわけにはいかない。この時点で、「画期的な成果であり、前の仕事が霞んでしまう」ような成果としては、三つ想定できた。一つ目はヒトでiPS細胞ができたこと、二つ目は、マウスでのiPS細胞作製で従来とは全く別のスキームが得られたこと、三つ目の詳細は忘れたが、もっとドラスティックな全面書き直しを迫るような成果を想定したと思う。そして、これら三つについて、それぞれどう対応するか、デザイナーの馬淵晃さんも含めて、何案も事前に検討しておいたのだった。

幸いなことに、二一日の発表は、「ヒトiPS細胞の成功」という想定している中では最も簡単な組み換えですむ内容だった。「iPS細胞の衝撃——再生医療への扉がいま開かれようとしている」という記事が完成した。数日で作業をおえて、データを印刷所に回した。山中博士の快挙は、日本はおろか、世界中で大ニュースとなった。そして私たちの「イリューム」第三八号（結果的には最終号となった）は、世界で最も早く、最も詳しく、さまざまな科学的背景を含めて

ｉＰＳ細胞をきちんと伝えた科学雑誌となったのである。

これだけの仕事は、めったにできるものではなく、私の生涯においても、最も記憶に残る仕事であろう。

すでに述べたように、「イリューム」では各記事の末尾に英語の要約をつけてあり、海外にも配布されていた。そのすぐ後、科学を一般の人々に伝える媒体として、市販の科学雑誌のほかに「企業などのスポンサーを得た公正な媒体」という表現をネイチャー誌の記事で見つけた。これは明らかに我々「イリューム」をさしていると理解できたのである。企業がスポンサーになると「ひもつき」としか見ない日本の貧しい世論とは好対照だ。これに限らず、いまや日本発の大事な科学ニュースは、日常的に英語に翻訳されている。

ところで、これはあとで詳しく解説しなければいけないことだが、なぜ、世界中の人々が山中伸弥博士の仕事を、あれほどまでに高く評価したのだろうか。たぶん、専門家も含めて、その本当のツボがわかっていないのではないか、と私は思っている。それは、この本のテーマである「英語でなく、日本語で科学研究を進める意義」を再確認する重要な例だと思っている。

ともあれ、日本人の科学のユニークさは、日本語で科学を展開していることであり、そのためには、永遠に新しい言葉を日本語に翻訳し続けなければならない。それが名訳であれば、結果として深い学問を育てていくことにつながる。科学編集者や科学ジャーナリストもまた、日本の科学を世界のトップにするために、静かに誠実に努力を重ねてきた。その結果が、今日の日本の科学や技術の実力となっている。このことも事実である。

第4章
英国文化とネイチャー誌

ネイチャー誌とは長いお付き合い

「イリューム」には実は、幻の三九号がある。原稿も仕上げ、イラストも完成させながら、世の中に出ることはなかった（ｐｄｆ版がどこかにあるかもしれない）。ちなみにそれは、地球科学の大特集であった。

幻の三九号が完成してから約一年、今度は市ヶ谷にあるネイチャー・ジャパンの中村康一（なかむらこういち）さんから「会って相談に乗ってほしい」という連絡が入った。彼と日本代表（当時）のデイビッド・スウィンバンクスさんとは、それこそ長い長い付き合いであった。用件は、日本独自に「ネイチャー・ダイジェスト」という月刊誌を発行していて、その編集長が辞めることになり、その代わりを引き受けてほしいというのであった。この雑誌は、ネイチャー誌（週刊）の前半部にあるニュース記事をまとめたものだ。昔の付き合いから断ることは難しく、一〇年ほど英語から離れていて自信はなかったのだが、結局引き受けることになってしまった。それから四年半は結構長かった。

デイビッドの英会話教室

日本法人をスタートさせたデイビッド・スウィンバンクスさん（以下、デイビッド）、およびネイチャー誌と私の関係について、少し紹介しておきたい。彼は私より少し若い一九五三年生まれのスコットランド人である。お父さんはグラスゴー大学教授、お兄さんはケンブリッジ大学で応用数学を学んだ技術者である。なぜそこまで知っているかというと、彼は、もともと、「日経サイエンス」編集部の英語の先生だったからだ。

デイビッドはカナダの大学院で地質学を専攻して博士号を取得し、日本の外務省が出資するポスドク（学位取得後の研究員）制度で来日、東京大学海洋研究所（当時）で研究していた。その時のボスが、「日経サイエンス」の餌取章男（えとりあきお）編集長（初代）に、デイビッドへの資金援助を頼んできたのだ。というのは、一九八〇年当時、外務省による外国人研究者のポスドク奨学金は非常に少なく、東京での生活は大変だったからだ。そこで餌取編集長は一計を案じ、私なども含む若い編集部員の英会話教育のアルバイト講師として、デイビッドを採用したのだった。

この英会話教室の中で、私たちは、一言で英国といっても、イングランド、スコットランド、ウェールズ、アイルランドで文化や歴史が大きく違うこと、差別や対抗意識も強いこと、スコットランドには独自通貨さえあることなどを学んだ。そして、スコットランド人であるデイビッド一家の構成、そして彼が一時帰国した際にママから託されたクリスマスケーキ（有名な堅すぎるほどのフルーツパウンドケーキ！）まで、ご馳走になったのだった。

その後、デイビッドは学問（地質学）の道をあきらめて、ネイチャー誌の日本特派員になった。そのきっかけは、私たちが「サイエンティフィック・アメリカン」と共同で科学雑誌を編集発行していることに興味を持ったからにほぼ間違いない。実際、英会話教室の題材にネイチャー誌の記事を使うことが多くなっていった。多くの人が感じると思うのだが、いわゆる米国人の英語と、英国人の英語というのは微妙な違いがある。米国人の英語は平易でざっくばらんなところがあるが、英国人の英語はギチギチしたところがある。

米国英語に慣れていた私たちは、ある意味で、ネイチャー誌の英語は読みにくかった。論理など日本語の感覚からいえば余分な言葉が多すぎて、かえってよくわからなくなったりする。正確を期するがために不正確になりかねないとも思ったものだ。でも、やがて英国英語にも慣れていった。しかもデイビッドが紹介してくれた記事の中には、愉快な話が多かったのだ。

例えば、色には重さがあり、赤が一番重いという話題があった。たぶん投稿記事だと思う。「青いトマトの重さを測っておき、赤くなってからの重さと比較してみた。すると、赤い方が重かった。そして実際、ポトンと下に落ちる姿が観測された」。こういうジョークを、慇懃（いんぎん）な文章でクソまじめに書くのが、英国文化の一断面なのだということがよくわかったものだ。しかも、ネイチャー誌という世界最高の科学論文誌に堂々と載せてしまう神経に驚いた。これ以降、ネイチャー誌に載る話は、まあ、力を抜いて、話半分くらいがちょうどよいことを知ったのである。

クリック博士の「スペキュレーション！」

イギリス人のジョークというのは独特だ。DNA二重らせんの発見でノーベル賞を受賞したフランシス・クリック博士（一九一六〜二〇〇四）が来日した際に、インタビューしたことがあった。私が若かったことと、博士がもと物理学者であることを知っていたので、クリック博士のあやしげな話を追及してやろうと意気込んでいた。一つ一つうまく話を積み上げていって、「これはどうなんだ」とズバリ攻め込んだつもりだった。ところが、あっさりと「それは、ただのスペキュレーションですよ、ハハハ」で片づけられてしまった。

それは「驚くべき仮説」と呼ばれるもので、心や魂のような働きもすべてニューロンと分子の相互作用がもたらすという考え方だった。その全体についてはよいのだが、個々の議論の中に、明らかに、博士も深く考えていないと思われる説明があったのである。それを問いつめたつもりだったのだが、いちいち目くじらを立てなさんな、というのだ。科学におけるスペキュレーションという言葉の意味は、「実験的証拠や論理から帰結された話ではなく、正しいか間違っているかわからない推測」ということである。夢物語というニュアンスの方が強いと思われる表現だ。

ただ、この時のクリック博士は、スペキュレーションという言葉を笑いながら話したので、「説明するには時間がかかるけど、かなり確かな考えだと思っているんだ」というニュアンスだったと思う。大胆で筋のよい仮説こそが、科学を大きく前進させる。スペキュレーションは科学を前に進める大きな力なのだと、たぶんクリック博士は言いたかったに違いない。このように、私が科学におけるスペキュレーションの大切さを学んだのはクリック博士からだった。考えてみれば、ずいぶんと贅沢な体験だった。

ジョン・マドックス編集長と博士号

デイビットとネイチャー誌の話が出たついでに、もう一人、ジョン・マドックス編集長（一九二五〜二〇〇九）との思い出を少し語っておかねばならない。マドックス編集長の話は、本書のテーマである「日本語で科学を進める意味」を語る上で、一つの重要な補強材料になると思うからだ。

大胆な言い方をすれば、ネイチャー誌をここまで影響力のある科学論文誌に育て上げたのは、マドックス編集長かもしれない。彼は一九六六年から七三年の七年間、そして空白期間を置いて八〇年から九五年まで編集長を務めた。特に、雑誌冒頭の社説の記事は、私などには十分には理解できなかったが、哲学性に富み多くの含意ある内容が多かった（らしい）。

彼が他の国にどれほどの関心を持っていたかはよく知らないが、少なくとも、日本にはかなり関心が高く、たびたび来日しては、日本の科学者と会って議論を重ねていた。日本における科学政策に関しても、かなりの影響を与えたと思われる。九〇年代初めのＨＦＳＰ（ヒューマンフロンティア・サイエンスプログラム）の研究方針をめぐる大論争でも、和田昭允博士（一九二九〜）の主張を強くサポートしていた（「ネイチャー・ダイジェスト」二〇〇九年六月号のジョン・マドックス追悼特集を参照）。

そんな彼が来日したとき、神楽坂のイタリア料理店などで、何度かいっしょに食事をしたことがある。正確に言うと、ともに、左手にワイン、右手にタバコを持ち続け、料理にはろくに手を出さず話し続けた。いろいろな話をした。歳は二五も違ったが、科学雑誌の編集という同業で苦労をしており、話は尽きなかった。

そんな中で印象に残ったのは、学位の話だった。「君は博士号をもっているのか」と聞いて来た。いや、応用物理の学部卒だと答えると、「よかった。それは、よい科学ジャーナリストになれる必須条件だ」と言うのだ。

科学雑誌の編集者はなぜ博士号を持っていないほうがよいのか。それはまず、博士号がないのを理由に、科学者にどんな質問でも平気でできるチャンスがあるということだった。博士号を持っていたら、科学に関する基本的、初歩的質問はなかなかしにくいであろう。しかし、それゆえに、不確かな前提で話が進んでしまうと、とんでもないことになる。もちろん博士号を持っていなくても、である。

また、博士号を持っていると、自分の専門に近い論文が来た時に、こんなレベルの内容じゃダメだと軽んじてしまったり、逆に素晴らしい内容に嫉妬してしまい、素直に評価できないことがあるからだ、と言っていた。ちなみにマドックス編集長はオックスフォード大学の出身で、ロンドン大学キングスカレッジなどで理論物理学の教鞭までとっているが、博士論文を書くことはなく、科学ジャーナリストの道へと転身した人だ。彼は、博士号を持っていないことを誇りにしていたように思う。

もう一つ、マドックス編集長との思い出で特に大切なことは、私の方から日本の科学や科学者をいろいろと紹介できたことだ。まさに本書のテーマになるのだが、科学においても、いわゆる言語の壁は存在する。ただし、科学の分野には、数式とか化学記号など、言語以外の共通記号があるので、政治や文学や経済などに比べれば障壁は低い。それに、そもそも日本語による科学の質は高いのだ。「日経サイエンス」一九九一年一〇月号で「日本の頭脳——ノーベル賞に限りなく近い人たち」という大特集を仲間とともに作ったが、その時点ですでに〝候補者〟は五〇人近くいた。

実は、この言語の壁ゆえに、日本語の科学が見くびられてきたことは歴史的事実であろう。しかし、西欧社会における科学の発想力がしぼんできたこともあってか、逆転しているところがかなりある。実際、日本の科学の発想、成果は、世界の科学においてますます大きなウェイトを持って来たように見える。

実は、そのことにいち早く気がついたのが、マドックス編集長ではなかったかと思う。私はそう思っている。言い方を変えれば、日本には、英語には翻訳されていない「日本語でしか表現されていない科学知識」が山ほど眠っているわけだが、彼はその宝の山に気がついたのだ。たぶん、何度も何度も日本に来るうちに、気がついたことなのであろう。

日本語の目次をつけるだけで、ネイチャー誌の部数が二・五倍に

日本の読者にわたる日本版ネイチャー誌は、日本の欧文印刷という会社で印刷されている。大半の印刷原版は通信で送られてくる。しかし冒頭部分の要約や目次などのページは日本語に翻訳し、日本企業の広告なども入れており、それゆえに「日本版」なのだ。

ネイチャー・ジャパンという日本法人が設立されたのは一九八七年だが、この設立時ないしはそのすぐ後の時点で、すでに日本語による情報発信を始めていた。「ハイライト」という名前で、その号の注目記事の内容を、報道機関向けに要約したものだ。その英語原文を日本語にする最初の翻訳陣の一人が私だった。自分の専門もあって物理や工学の話題を引き受けた。

日本語の要約、目次をつけようというのは、デイビッドのアイデアだった。彼は私たち「日経サイエンス」の編集者と付き合う中で、おそらく、日本において高度な科学や科学に関する議論が「日本語で行われている」ことを自然に認識したのではないか。つまり、ネイチャー誌の伝える科学の価値を日本人に伝えるには、たとえ外見は上手に英語を話す科学者に対してであっても、

きちんとした日本語の文章で伝える必要性がある、と認識したのだ。

これは正しかった。大当たりだった。ネイチャー・ジャパンから各新聞社に毎週日本語のプレスリリースが送られるようになり、新聞で「英国の科学雑誌ネイチャーによれば……」というニュースが掲載される機会がひときわ多くなった。これは広報（パブリシティー）という手段であるが、それは宣伝（アドバーティスメント）以上の効果を持つ。

一方、実際に雑誌を購入した読者（ほとんどが科学者や技術者）は、内容はすべて英語とはいえ、目次や要約が日本語に翻訳されているために、どの号にどの論文が掲載されているか、日本語なしの時代よりも、はるかに容易に記憶したりファイルしたりできるようになった。また、論文内容のポイントを、より実感あるものとして捉えられるようになった。たったこれだけのことなのに、日本におけるネイチャー誌の購読部数は、短期間のうちに飛躍的に増大した。日本法人発足時の二倍半にまで増えたのだ。

日本語の科学体系

科学や技術の分野のように、英語がかなりできる人々の社会であっても、日本では日本語表現を必要としている。ネイチャー誌の例は、このことをよく示している。それは当たり前の話で、科学者や技術者であっても、日本語でものごとを考えているからである。英語で考えているのではない。日本語で科学や思考を進め、明らかになった内容は自然と日本語で整理される。それを英語に移し替えて英語の論文を書いているわけだ。

数式は使う。化学式も使う。図や写真やフローチャートなども使う。しかし、肝心な思考という段階では、日本人はやはり日本語を使ってものごとを考え、推理し、発見や発明に導いているのだ。このきわめて当たり前の事実についての認識が、さまざまな議論や主張において欠落している。

例えば科学であれば、日本語の科学体系という形で、膨大な知識や経験則や論理の積み重ねが存在しているのだ。もちろん、哲学的な深い議論もそこに含まれる。では、こうした日本語の科学知識体系は、英語で作り上げられている科学体系と、まったく同じものなのであろうか。すでに少し述べたが、両者が完全に一致することはありえないが、だいたい九五%くらいは共通かもしれない。

マドックス編集長はある時期、宇宙創世に付随する問題を特に深く考え出したように見えた。たぶん、アインシュタインの宇宙定数（万有斥力）が、ダークエネルギーとして復活した一九九〇年代後半だったと思う。

そもそも、現在の宇宙論自体が、常識とは大きくかけ離れている。細かい点は省略するが、要するに、現在の宇宙は、ビッグバンという大爆発によって作られたと考えられている。ならば、時間を逆回しにしていけば、いまの宇宙にある膨大な数の星や銀河すべてが、一ミリメートルよりもはるかに小さな空間に入っていたことになる。現代の宇宙論でも、このあたりの話はそれほどあからさまには説明されていないが、「プランク距離」などという話はそういうことだ。一点に全宇宙が存在する！　そんなことが想像できるだろうか、というよりありえる話であろうか。まさに「壺中の天」、SF映画のペンダントの中の宇宙みたいなものだ。

林主税博士とマドックス編集長

そんな時、マドックス編集長は、ほんとうに突然、茅ヶ崎のアルバック本社に林主税（はやしちから）さん（元社長）を訪ねている。そして、真空とはいかなるものであるか、哲学的な議論を闘わせているのだ。内容は不明だが、彼が茅ヶ崎を訪ねたことは、林さんの著書『真空考』（白日社）に書かれている。マドックス編集長自身、「真空は、科学に残された最後の未知の課題だ」と語っていたという。ただ残念なことに、マドックス編集長の著書の翻訳版『未解決のサイエンス』（ニュートンプレス）にはその明確な記述はない。思考のための時間が足りなかったのかもしれない。

マドックス編集長は、色即是空のような哲学的概念が、インド・中国・日本にあること、また、林さんが真空について深い思索を重ねていたことを知っていた。二人の議論がどこまで行ったのか、両人とも天に召されてしまった現在では、推測することさえ難しい。ただ、マドックス編集長は、間違いなく、科学は英語による知識や知見だけでないことを、しっかりと認識していた。だから、林さんのところにやってきたのだ。

林主税さんは産業界にありながら、あとで述べる創造科学技術推進事業のＥＲＡＴＯ（エラトー）プロジェクトの最初のリーダーの一人に選ばれたほどの科学者であり、海外にもその名を知られている人物だった。林超微粒子プロジェクトは今日のナノテクノロジーの先駆けとなり、後にカーボンナノチューブの発見者となる飯島澄男(いいじますみお)博士(一九三九〜)もそこでグループリーダーを務めていた。

ネイチャー誌のニュース記事を読んでいる人は知っていることだが、いまでは時々、「英語以外の文化圏にある科学知識」という表現が出てくることがある。もちろんその大半は、日本語の科学知識という意味である。

この章では、科学の世界で大きな存在感を示してきた英国人の一断面とともに、私とネイチャー誌の関係などを紹介した。日本には日本語の科学体系があって、英語では説明しきれない知識や概念などもあり、それに対してマドックス編集長などがおおいに関心を示していた事実は、ぜひ記憶しておいてほしい。

第5章
日本語は非論理的か?

俳句が教える日本語の特長

最近はさすがにあまり聞かなくなったが、二昔前くらいまでは、日本語という言語そのものが論理的表現に適しておらず、したがって、科学は英語でやった方がいいのだ、というバカげた主張がときどき顔を出していた。しかも始末の悪いことに、この手の発言をする人が、世界の第一線で競い合う創造的科学者ではなく、どちらかというと科学教育に重点を移した(研究の一線を離れた)国内では有名な大学の教授などであったことだ。もちろん、日本語が論理的表現に適していないなどという根拠はどこにもない。

『もし、日本という国がなかったら』(ロジャー・パルバース著、坂野由紀子訳、集英社インターナショナル)の三〇〇ページに、次のような表現を見つけた。

「ぼくはこれまでに、日本人から、数え切れないほど何度も、日本語は「曖昧な言語」だと言われたことがあります。申し訳ないけれど、それはまったく事実に反しています。」

日本語表現の一つの特徴は、例えば俳句に現れていると思う。つまり、非常に短い表現で、そこから派生する膨大なイメージを相手に見せつけるやり方だ。「柿食へば鐘が鳴るなり法隆寺」は正岡子規の名作だが、たったこれだけの表現で、奈良斑鳩の里の美しい秋景色や空気感、シルクロードの終着点としての長い歴史など、まさに広い広い時空間を感じさせてくれる。

このように、日本語表現は、短さをもってよしとする部分が一面にあると思う。一つの断面を切り取って、そこから大きな世界を連想させるような表現方法だ。

そういう面から見れば、だらだら、だらだらと説明を書き連ねていく科学論文のような表現法とは正反対かもしれない。科学表現は、日本語感覚としては美しくない。日本人の心象も加味すれば、科学という行為は、本質的なところに、日本文化となじみにくいところを持っているかもしれない。

寺田寅彦の科学

そのことを最初に強く意識したのが、地球物理学者で俳人でもあった寺田寅彦（一八七八～一九三五）ではなかろうか。寺田はもともと、あとで述べるようなX線結晶解析を最初に試みた正統派の科学者だった。それが徐々に日本文化を強く意識した〝寺田物理学〟に変わっていく背景には、日本文化への強い自意識があったに違いない。現に寺田は、科学は西洋文明が生み出したもの、そして俳句は日本文化が生み出したものであって、自然が豊かでない西洋では俳句が生まれようもない、と断言している（私は志賀重昂の『日本風景論』を思い出した）。

そして、今日の多くの日本人が持っている比較文化論ともいうべき内容を、一九三五（昭和一〇）年に「俳句の精神」という評論の中で展開している。

「日本人は西洋人のように自然と人間とを別々に切り離して対立させるといういわば物質科学的の態度をとる代わりに、人間と自然とを一緒にしてそれを一つの全機的な有機体と見ようとする傾向を多分にもっているように見える。少し言葉を変えて言ってみれば、西洋人は自然というものを道具か品物かのように心得ているのに対して、日本人は自然を自分に親しい兄弟かあるいはむしろ、自分のからだの一部のように思っているとも言われる。また別の言い方をすれば西洋人は自然を征服しようとしているが、従来の日本人は自然に同化し、順応しようとして来たとも言われなくはない。きわめて卑近の一例を引いてみれば、庭園の作り方でも一方では幾何学の設計図によって草木花卉を配列するのに、他方では天然の山水の姿を身辺に招致しようとする。」

論理表現は日本語も英語も変わらない

西欧文化をベースに生まれてきたサイエンスは、要するに、論理優先で中身がドライであることは間違いない。客観性が重視されるといってもよい。文学なら、人の気持ちとか、それを表象する光景などを文章にする。しかし科学においては、そういうものは基本的に必要ない。科学論文において最も大事で、書くべきことは、「何がわかったか」なのだ。

科学論文はどのように書かれるのか。普通であれば、その発見を含めて、大きな意味で何を知りたいと思っているのか、また、それに関連した事項が、これまでの科学知識体系においてどこまでわかっているか、まず前提として記述する。そして、仮説があるならそれを提示し、それをどういう実験なり観察なりで検証したかを書いていくわけだ。

それ以降、科学論文においては、実験データ、その解析法、得られたものの意味、そこから想定しうる可能性などが続く。要するに、文学や小説などのような心の動きとか情景とかではなく、より厳密な論理に基づく表現が要求されているわけだ。一つ一つ、コツコツと文を重ねていかねばならないのだ。

このような文章を書いたり伝えたりする場面においては、誰でも想像できると思うのだが、「日本語だからダメ」などということはありえない。私も科学ジャーナリスト、科学編集者として、日本語では表現できないなどという経験は一度としてなかった。もちろん、「短い文章で明快には表現できない」というケースはたびたびあるのだが、それは、英語でもできないのだ。

関係代名詞は、原則、二つの文章に分ければいい

受験勉強のようで恐縮なのだが、「英語は論理的だ」と主張される人は、あるいは関係代名詞

が普通に出てくるところを指摘しているのかもしれない。英語では、ある言葉をポンと出して、それを関係代名詞でつないで説明を加えていくのが普通の表現法だ。これを日本語に翻訳する場合、関係代名詞以下の説明をまず日本語にして、それを前の文章の中にうまく位置づけなければならない。それが普通のやり方であろう。

例えば「I met an old friend at Yokohama station who is now a Buddhist priest.」であれば、日本語は「私は、現在は仏教の僧侶をしている古い友人と横浜駅で会った」ということになる。このケースはwho以下の文が短いので、あまり違和感なく日本語になるのだが、実は、ここが非常に長いケースが、科学表現の中では山ほど出てくるのだ。

その場合の解決法は、どうするか。関係代名詞以下を、別の文章にしてしまうのだ。そして、両者を接続詞でつなぐのである。「私は横浜駅で古い友人と会った。その男は今、僧侶をしている」。どうだろう。たったこれだけの文章変更で、はるかに自然な日本語表現になるのだ。個人的な経験だが、大学入試の英文解釈でこんな答えを書くと点がもらえないと脅されたことが遠い昔にあった。

さて、この場合は、接続詞ではなく指示代名詞で用が足りたが、普通は接続詞、つまり、「そして」「しかし」「したがって」「あるいは」というような言葉を、その関係代名詞以下がどのような内容を含んでいるかで使い分けていけばよい。

確認はできなかったのだが、一時期、大学の入試問題や大学での文章教育で、「接続詞はあまり使わない方がよい」と教えられていたことがあったらしい。そのせいか、二〇年以上前、変な文章を書く理系研究者を多く見たことがあった。これは明らかな誤りである。

科学の表現においては、論理性こそが最も大切であり、前の文章と次の文章がいかなる関係にあるのか、明確に提示しなければならない。そうでないと、誤解が生じる恐れがあるからだ。英語表現では、そういう絶対に間違えては困るような場合、例外なく関係代名詞でつないだ文章となっている。ところが、日本を代表する大学の科学者の中にさえ、後ろの文章が前の文章に対して、並列なのか従属なのか逆接なのかわからない表現を、平気でしている人が何人もいた。

おそらく、英語の関係代名詞をきちんと日本語の接続詞に置き換えることができるだけで、英語と日本語の壁は大幅に下がると思っている。これは私の経験から言えることである。

英語の接続詞は、かなりいいかげん

英語表現を日本語に移す場合、関係代名詞の部分を接続詞でつなぐのが普通だと述べた。しかし、もとの英文が、接続詞＋関係代名詞付きの文章となっている場合、日本語では、接続詞付きの文章が連続してしまうことになる。「しかし」→「ところが」というようなケースも出てしまうのだ。もちろん、このようなケースでも、違和感ない日本語表現に書き直すことはできるのだが、そのための努力と時間が翻訳者や編集者に欠けてしまうことが多い。もちろん私自身はそんな手抜きは一度としてしなかった。

それから、これは非常に大事な点であるが、例えば英語の逆接続詞「but」などには要注意であることを指摘しておきたい。きっと十分に教養のある人なら使わないのであろうが、ニュース記事などでは、すぐ前に書いた内容に対して否定するような場合、平気で「but」を使うのだ。全体の大きな流れにおいて、次の文章で何を言っているかという観点に立つと、それが例えば「したがって」で接続しなければいけない内容であったりするのに、である。

このあたりのニュアンス、英語を使う人たちの感性に何度も驚かされた。このようなケースは、明らかに、日本語の方が論理的なのである。英語の方が気分屋でいい加減であると私は感じた。特に「ネイチャー・ダイジェスト」を編集しているときにそう感じた。そして、英語自体は決して論理的な言語などではなく、それをどう使うかで大きく違ってくる、と確信している。論理的であるのは、英語でもきちんと論理的に表現しているからなのである。そうでない英語表現は論理的ではないのだ。

英語と日本語の根本的な違い

日経新聞に入社して学んだ文章表現の中で、唯一、これはほんとうに助かったと今でも思うのが「できるだけ受動態を避け、能動態を使え」という原則だ。これは英語と付き合う上で、非常に重要な指針になると私は信じている。

これは要するに、それぞれの言語文化の持っている基本的な違い、ということである。英語で文章を書く場合、受動態で書く方が自然な表現法だということである。一方、日本語で書く場合は、能動態で書いた方が自然な表現になる。ただそれだけで、それ以上の意味は基本的に何もない。これは、私自身、何人かの外国の方に直接聞いて確認したことだ。

実は、日本語による科学の解説記事などで、特に科学者が書いているような場合、かなり頻繁に受動態が使われているケースが多い。それは、英語では受動態の文章が大半だから、知らず知らずのうちに、脳が受動態表現に慣らされてしまい、日本語で表現するときも、無意識のうちに受動態になってしまうということだ。しかも、表現内容によっては、まさに受動態で書いた方がピッタリくるような表現もあり、これまた、どちらでいくか決定を迷わせる。

日本語の受動態で書いた文章は、あらたまって不自然であるがゆえに、一見すると、客観的なニュアンスをもった表現になる。これは一種のマジックのようなものだ。例えば、

「〇〇の仕組みが解明された」

「八月二日に発見された」

「〇〇であることが実証された」

おまけに

「〇〇であると示唆される」……。

どうだろう。何か、自然の摂理に合ったような立派な研究内容が、非常に客観的な形でなされたというニュアンスになるではないか。だから、考えなしの日本の科学者や科学雑誌は、平気で

こうした表現を連発するのだ。大昔の「日経サイエンス」もそうだった。もちろん、間違いというのではないし、すべて悪いというわけでもない。しかし実態は単に、

「〇〇の仕組みを私たちがこの研究で解明した」

「八月二日に発見した」

「一連の実験で〇〇であることを実証した」

そして

「〇〇であるらしい」

なのである。

このような単なる表現上の違いを、まるで受動態であることが英語の論理的表現、客観的表現だと誤解している人が非常に多いと思う。こういう不自然な表現を自然なものに変えるだけで、日本語による科学は、もっともっと深いものになると私は信じている。

喧嘩するなら英語にかぎる

それから、もう一点だけ、英語と日本語の本質的な違いについてふれると、英語で書いたり議論したりするほうが、遠慮会釈なく喧嘩もしやすいということがある。科学における議論というのは、最近はよく知らないが、かつてはなかなか激しいものであった。外国の著名な研究者が、日本人科学者の鋭い質問を受けて半ベソをかいてしまった話を聞いたこともある。

こうした議論をもし日本語でやったら、相手に対する敬意や遠慮を大事にするので、決して激しい言い合いにはならないと思う。ただ、不思議なことに、研究内容に関する議論ではなく、政策とか予算とかの話になると、日本語でも平気で言い合い（ののしり合い）をするそうだ。

ともあれ、静かな日本の科学者も、外国に出かけたり日本でも英語でやりとりするようなときは、なかなかの攻撃性、遠慮のなさを発揮する。それにならって、私なども若い頃、外国で日本人記者が自分しかいないときなど、やりたい放題、ノーベル賞受賞者に遠慮のない質問をあびせたことがある。議論するなら英語だなあ、と思ったものだ。

どうやら、日本人でも英語を話す時は遠慮が減ってしまうらしい。しかし日本語で話す時は、十二分の配慮をする。これが、日本人にとっての英語と日本語の、本質的な違いの一つだと思っている。

日本語ローマ字表記論

日本人は、世界で最も多くの文字種を使う国民ではないだろうか。まず漢字がＪＩＳ第一水準だけで三〇〇〇文字ある。ひらがなとカタカナで一〇〇文字、それにアルファベットもアラビア数字も時計文字（ローマ数字）なども、ほぼ日常的に使っている。このような現実を見れば、明治期に欧米文化と直面した先人たちの一部が、日本語をローマ字で表記するように変えてしまえばよい、と考えても仕方ないだろう。

そもそも、今日の学術用語の基礎の基礎を翻訳した西周でさえが、「洋字をもって国語を書するの論」という短文を「明六雑誌」の創刊号に書いているくらいなのだ。ただし、西周博士のローマ字表記論というのは、きちんとした日本語を使えるだけの訓練・素養を積んだ上で、つまり漢字やかな交じりの日本語をきちんと読み書きできるようになった上で、それと並行するような形で、ローマ字表記にしたらよい、ということのようだ。

一〇項目ほどの効用をあげているが、西周の眼目は、七番目の翻訳に便利、八番目の欧米の印刷技術を流用できること、九番目の学術用語を翻訳せずにそのまま使うことあたりにあったらしい。

ローマ字表記論というのはその後も生き残り、第二次大戦直後などもかなりの勢力を持ったようだ。でも、もちろん、日本語はローマ字表記にはならず、現在のように、さまざまな文字種を使う状態を継続してきた。これは本当に幸いなことだったと思う。もしもローマ字表記などにしてしまったら、今日の韓国や北朝鮮のハングルが直面している厳しい文化状況と、似たようなことになったかもしれないからだ。

全ハングル化にも長所はあるのだろうが、欠点は、表音文字のため、元の漢字熟語の読みが同じであれば、みんな同じ表記となってしまうことだ。これも仕事上の経験だが、例えば漢字なら「新風」「神風」「信風」と書き分けるものもみな「シンパラム」という発音の表記になってしまう。だから、著者は「神風」のつもりで書いているのに、読み手は「新風」だと勝手に理解してしまう。こうした行き違いが山ほどあるらしいのだ。

ましてや、微妙なニュアンスの伝達など望むべくもないと思う。しかも、漢字文化をほぼ棄ててしまったため、あれほど自分たちが大事にし、また誇りに思っている李朝朝鮮について、その歴史書や古文書を読める人がほとんどいなくなってしまった。歴史が消えたのだ。もちろん、言葉を厳密に定義できない状況では、母国語によるまともな科学などできようはずがない。同じことは、ベトナム語のクオック・グー（國語）にも言えるかもしれない。

日本語ワープロの発明が、問題を解決

これに比べて、つくづく、日本語は早まったことをしなくてよかったと思う。科学と技術が、問題を解決してくれたからだ。当時、東芝にいた森健一（もりけんいち）博士（一九三八〜）たちを中心に、「日本語ワードプロセッサー」が一九七八年に開発されたのだ。最初は六七〇万円と非常に高価だったが、またたくまに値段は下がっていった。そしていまでは、携帯電話やスマホなどでも普通に日本語が使われるようになっている。すべて森博士たちのおかげだ。

おそらく、日本語ワープロほど、日本の文字文化に革命を起こした技術はないと思う。もし、「日本文化へ最も貢献した科学技術は何か」と聞かれれば、私はまちがいなく、「日本語ワープロ」と答えるだろう。異文化を取り入れる許容度が非常に大きく、それゆえに、日本語は、世界で最も多種類の文字を日常的に使う状態となった。そのような私たちが、何の違和感もなく、イ

ンターネットや携帯電話やスマホで日本語を使えるのは、すべて、あの森健一博士の日本語ワープロからスタートしているのだ。

しかも、この日本語ワープロの技術は、中国の漢字体系はもちろん、さまざまな国の言語の電子化にも流用されていった。その当時、アジアの国々の文字やそのコンピューター処理に関する研究者が、東芝や富士通の研究所に大勢やってきて、共同で研究開発を進めている現場を私は見ている。世界貢献という意味でも、日本語ワープロは、日本人が世界に誇っていい大発明だ。なぜ文化勲章とかノーベル平和賞とかが贈られないのか、不思議なくらいだ。

日本語というのは、明治初期には、欧米言語に対して一種のハンディキャップをもったもの、というような捉え方をされていたのかもしれない。だから西周などは、ローマ字表記をしたらどうかと提案したのであろう。しかし、日本語ワープロの発明で、その危惧はきれいさっぱり、全部解決した。

もし西周がタイムマシンに乗って現代にやってきて、今日の日本語の姿を見たとしたら、直ちに、明六雑誌の「洋字をもって国語を書するの論」を取り下げることであろう。それとともに、碩学であっても、科学技術文明に対する先読みがいかに浅かったを恥じるであろう。そして、おおいに喜ぶだろう。

彼の提案した「ローマ字」は、私も愛好する「ローマ字入力」という形で、いまなおしっかりと生き残っているからだ。そしてこのような形こそが、日本近代の知識人が暗黙のうちに求めてきた日本語の解決課題であったのだ。これを「日本人の知恵」と呼ばずして、何と呼ぶのであろうか。日本語で科学を進める上でも、日本語ワープロが限りない貢献をしているのは間違いない。

要するに、いまや日本語で科学を進める上で、何の障害もないということだ。日本語の論理表現には何も問題ない。作家のパルバース氏なども指摘している通りだ。ただ、文字でも単語でもいいものを世界中の言語からどんどん取り入れてしまう貪欲な日本語の問題が残っていたが、それも日本語ワープロの発明によって解決してしまった。本当に驚くべき知恵と能力だと言えよう。

第6章
日本語の感覚は、世界的発見を導く

湯川中間子と日本語

科学雑誌の編集者として、素粒子ないしは原子核関係の発見の経緯を記した解説を読んでいた時だったと思う。その中に、当然のことに湯川秀樹博士によるパイ中間子の理論的提案（一九三四年一一月一七日）もあった。その解説を読んでいるうちに、私の脳裏にふっと「もしかしたら、湯川博士の中間子論は、博士が日本語で物理学に取り組んでいたからこそ、生まれたのではないだろうか」という空想が走ったのである。

そこで、実際に湯川博士をご存知と思われる年配の物理学者に聞いてみた。すると、だいたい、以下のような内容の答えが返って来たのである。

「それは当然ですよ。理論物理学者は、物理学の知識と数学を使って理論を構築しますが、英語やドイツ語の論文もきちんと読んでいますし、成果は普通に英語で論文に書きます。でも、そもそもの物理学を考える言語は何かと言えば、やはり日本人は日本語なのです。だから、もし湯川博士が英語で物理学をやられていたとしたら、はたして中間子論が生まれていたかどうか、わかりません。その手の話は、昔はよくなされていましたよ」

本当に、日本語で物理を考えていたから、中間子論は誕生したのだろうか。この仮説は実験で確かめることができないので、回答不可能である。背理法のような「もしそうでなかったら」という問いかけも苦しい。でも、こういう問いを発してみたいという潜在的な欲望があるのは確かであろう。そこで「状況証拠」を探すことになる。

湯川秀樹博士は日本人初のノーベル賞受賞者であり、一九四九（昭和二四）年という戦後の混乱期に、多くの日本人に勇気と希望を与えた偉人である。京都大学基礎物理学研究所湯川記念館に残された資料も多く、それらの研究もさまざまな方が進められているし、著作もいろいろある。したがって、私には、湯川博士の研究に深入りするつもりはないし必要性もない。

それでも、本書のテーマである日本語の術語、日本語による科学ないし学問という視点から、一つだけふれておきたいことがある。それは「いつ誰が中間子という名前を考案ないし翻訳したのだろうか」という問いである。長岡半太郎博士による一九三二（昭和七）年の随筆には、日本語名の陽子も中性子も登場していない。この年は、湯川博士の論文発表の二年前である。

中間子という言葉のない中間子の予言論文

湯川博士の論文だが、これは日本数学物理学会欧文誌の一九三五年二月号に掲載された。この雑誌の英語名は、Proceedings of the Physico-Mathematical Society of Japan. であり、湯川博士の論文の題名と出典データはOn the interaction of elementary particles（Vol.17,No.2 1935.2 pp.48-57）である。この英語論文を読んでみるとわかるのだが、その二年前に発見されたneutronはもちろん、protonやelectronやneutrinoといった素粒子の名前は登場するが、中間子という固有名は出て来ない。その代わりに、「a new sort of quantum」とか「the quanta accompanying」とか「a hypothetical quantum」といった形で、新しい粒子のことが書かれている。

つまり、英語の学術用語としても、湯川博士の最初の論文においては、肝心の中間子＝meson（メソン）という表現は出てきていないのだ。これは、よく考えてみれば当たり前のことなのだが、歴史家がいったん「湯川秀樹博士の中間子を提案した最初の論文は……」と記述してしまうと、まるで、中間子という言葉自体もすでにその時点で存在していたかのように錯覚してしまう。

もちろん、この歴史家の表現が誤りだというのではない。実際、湯川博士の論文は、それまでの理論物理学の常識を破って、まだ実験的に確認されていない新しい粒子の存在を、勇気を持って初めて「予言」したのだった。これは本当に画期的なことだった。二〇一三年のノーベル賞がヒッグス粒子を予言した研究者の中の三人に贈られたが、素粒子理論関係のノーベル賞のほぼすべてが、この湯川博士以降、「予言」した人に贈られていくのだ。「理論的な予想→実験的な証明」という近代物理学のパラダイムともいえる方法の最初のケースと言ってよいのではないか。

物理学の予言というのは、単に新しい粒子が存在する可能性がある、ということの表明ではない。湯川博士は、「その新粒子はボーズ統計に従う粒子であって、プラスあるいはマイナスの電荷を持っていて、質量は電子の二〇〇倍程度であり……」と論文で詳しく書いている。しかも、ではなぜ、この新しい仮想粒子がそれまでの実験で見つかっていないのか、その理由まできちんと考察されている。このような、しっかりとした根拠ある見通しのことを、理論物理学では予言というわけだ。怪しげなエコノミストの景気予想とは、雲泥の差がある。

湯川博士の予言した粒子と思われるものは、一九三六年に宇宙線の中から発見された。発見者の一人のC・D・アンダーソン（一九〇五～九一）はメソトン（中間の粒子）という名前を提案してネイチャー誌に論文原稿を送ったそうだが、師である油滴実験で有名なミリカン（一八六八～一九五三）が、メソトロン（あるいはメゾトロン）という名前にするよう圧力をかけたらしい。その名前が多くの物理学者の支持を受け、ひとまず、メソトロンに決まったようだ。この一九三六（昭和一一）年か少し後に、もしかしたら日本語の「中間子」という言葉が登場した可能性があると思うのだが、よくわからない。

『理化学辞典・増補改訂版』（岩波書店）の改訂第二刷（一九三九〈昭和一四〉年一二月一〇日発行）を見ると、すでにこの時点で、原子、原子核、陽子（プロトン）、中性子（ニュートロン）、電子など、素粒子物理学の基本要素の多くが、きちんと項目としてあげられ、詳しく説明されている。ただし、「素粒子」という科学用語はなく、「物質の要素的粒子（**elementary particles of matter**）」という項目になっている。湯川博士の「中間子」は、用語にはないが、「U粒子（**U-particle**）」「メゾトロン（**mesotron**）」の項目に、かなり詳細な説明が書かれている。執筆者の中に朝永振一郎博士の名前が見られるので、あるいは朝永博士が書かれたのかもしれない。

ともあれ、一九三五（昭和一〇）年に初版が発行された『理化学辞典』は、日本語の科学用語を定着させる上で、かけがえのない役割を果たしたに違いない。編集主任の石原純（いしわらじゅん）博士（一八八一～一九四七）のまえがきに「(日本の科学は) 輸入の時期をすぎて、独自の発達に向かおうとしている」とある。まさに、日本語の科学用語に基づいて、日本語の科学を展開していくのだ、という力強い意欲が随所に感じられる辞書だ。

さて、その後の進展だが、詳しく研究が進められていくうちに、宇宙線の中から発見された粒子は湯川博士の予言した中間子ではなく、「ミューオン」というレプトン粒子の仲間であることがわかっていく。湯川粒子そのものは一九四七年に発見され、それが今日のパイ中間子である。その二年後の一九四九年、湯川博士はノーベル賞を受賞した。そして、少なくともこの時点では**meson**という言葉が確立していた。

なぜなら「**for his prediction of the existence of mesons on the basis of theoretical work on nuclear forces**」がノーベル賞の授賞理由だからだ。「核力の理論研究に基づいてメソン（中間

子）の存在を予言した功績」ということだ。また、一九四九（昭和二四）年一一月四日付朝日新聞にも、「輝く中間子理論」という見出しが躍っているので、日本語としての「中間子」もこの時点で確定していたのであろう。

湯川理論は、核力つまり、原子核において陽子や中性子を結びつけている力をうまく説明した。この際、中間子というボールをキャッチボールすることで、力が伝達されるというスキームを導いたのだ。このやり方は、その後の電弱統一理論における中間ベクトルボソンなどでも踏襲され、普遍的な考え方となった。

日本語での議論が、新しい世界をひらいたのは間違いない

さて、湯川博士の中間子と日本語の関係についてである。著書である『旅人――ある物理学者の回想』（角川ソフィア文庫）や『湯川秀樹日記――昭和九年：中間子論への道』（朝日選書）などを見れば、湯川博士の核力の謎に挑む苦闘が手に取るように推察できるのだが、それは物理学者としての個人の営みであって、日本語とか日本人とかいった特別の理由があるようには感じられない。ただ、当時の大阪帝国大学物理学科の菊池正士（きくち せいし）教授（一九〇二～七四）や坂田昌一（さかた しょういち）講師（一九一一～七〇）と、中間子論についての議論を深めたと思われることが日記に残されている。

湯川理論の誕生において、取り立てて日本語という存在が大きかったのかどうかはわからない。しかし、当時の日本の優れた物理学者との日本語による議論が、大きな貢献ないしは影響を与え

たであろうことは間違いない。肝心な物理学の議論が日本語で自由に行われ、日本語の物理学が展開されたわけだ。東京の理化学研究所にいた仁科芳雄（にしなよしお）博士（一八九〇〜一九五一）や京大時代の同級生の朝永振一郎博士などとも議論を重ねたという。それ以外にも、まさにキラ星のような物理の研究者が、当時の日本にはいたのだ。実際の議論はおそらく、日本語と英語とドイツ語がちゃんぽんとなり、黒板に数式が書き連ねられたのであろう。

一つの疑問は、いくらクリアな理論ができたとはいえ、湯川博士は、どうして新しい粒子を提案するという勇気を持たれたのか、という点だ。前人がいないということは、これに失敗したら、あるいは物理学者失格の烙印を押されることになったのではないだろうか。成功だったから、勇気ある科学者としてほめ讃えられるけれど、もし失敗だったらどうなったのか。それとも、当時の理論物理学は今日よりずっと大らかだったのだろうか。

真ん中は存在し、しかも中間に真理があるという感覚

これ以降は勝手な妄想なので、それを承知で少しだけ耳を傾けていただきたい。私の空想なのだが、湯川博士は、「力を橋渡しする」とか「中間にある粒子」というような概念に、ある種の実在感を持たれていたのではないだろうか。

特に「日経サイエンス」の編集者時代にいろいろな科学者に問いかけてきたことなのだが、私たち日本の文化、日本人の意識の中には、「真ん中」というものが明確に存在している。どうい

うことかというと、右手に極端な考え方があり、一方で左手に対照的な極端な考え方があるとき、私たち日本人は、そのちょうど中間、つまり真ん中に本当の真理がある、と暗黙のうちに感じ取っている。そう私は思っている。

欧米の科学者の解説記事を長年見てきた経験からすると、彼らの中には、右か左か、上か下か、動物か植物か、生命か非生命か、人間か人間以外か、……といった二分法が潜在的にある、と何度も何度も感じた。

ところが日本の文化は、いつも、その中間に真理がある、本質があるという前提でものごとを考える傾向がある。それゆえに、あいまいというか、中途半端な態度になってしまう面も多い。だいたい、良いか悪いか、簡単に割り切れることは少ない。良い点も悪い点もあるのが常なのではないか。そう考えるのが日本人なのだ。仏教には、両極端な考え方や立場を避ける「中道」という思想があり、きわめて東洋的考え方とされている。儒教にも「中庸」という考え方がある。

日本では、この中間というのが概念だけにとどまらない。人間や組織の判断や行動においても、リアルな形で中間が選ばれることが多いのだ。それを最初に教えてくれたのは都立国立(くにたち)高校の山田(やまだ)泰義(やすよし)先生である。「中点主義」と呼んでいたが、例えば最大多数の世論は、実際に両極端の意見のほぼ中間に来るというのだ。

二〇〇九～一二年の民主中道政権を支持した世論は全体が左翼的考え方に寄っており、一方で、二〇一二年からの安倍政権を支持する世論は全体が右翼的方向に寄っている。本来であれば、時代風潮に左右されることなく、中立的な立場、中庸な意見というのが、仏教的中道である。しかし、人々の意志判断ではそういうことは起こらない。中立的な立場の意見といっても、全体が右翼側に傾けば、その真ん中も右翼側に寄る。これがリアルを前提とする「中点主義」である。本質を射た視点であり、私は科学技術分野の現象を分析する際に何度も利用してきた。

中庸か二律背反か

なぜかは知らないが、私たちのこの国、この社会では、中間ということを素直に認めてしまうのだ。しかし、あちらの国々では、とくにキリスト教が強い影響を与えているのではないかと勝手に憶測しているのだが、少なくとも私たち日本文化ほどに、中間派に対して寛容ではない。右か左か、イエスかノーか、神に愛でられし人々かそうでない人々か、人間か人間以外か。対称つまりシンメトリーな二律背反なのだ。日本人の感覚にとって、これはなかなか厳しい区分ではないだろうか。でも、あちらの人々はそう明確に区分した方が気分よく生きられるらしいのだ。これは日本人には理解できない。少なくとも私はそう思う。

湯川理論によって中間子という新しい量子が導入される前までは、原子核を構成する粒子には、陽子と中性子しかなかった。原子の電荷でいえば、原子核の陽子と周囲を回る電子がちょうど正反対、対称的に存在する。そして、質量がほぼ同じ粒子として、陽子と中性子があることが判明したばかりだった。となれば、陽子のプラス電荷を核内電子のマイナス電荷で相殺し、それが中性子となってくれれば、全体の対称性、左右二つの対応関係はきれいに整理できる。もちろん、こんな話はなかったわけだが、それでも、こうしたいという潜在的な気持ちが、欧米の人々にながったとは言い切れないのではないか。

妄想を続けよう。もしかしたら、湯川博士は、そうした対称性よりも、中間、橋渡しといった、中に立つことの方に、潜在的にリアルな感覚を持たれたのではないか。しかも、日本の文化に育ったために、中間というものが中途半端なだらしない概念だと非難されることはなかった。むしろ逆で、中間にこそ大切なものがあった。

異論はあると思うが、もし外国の人が「中間子」という概念を最初に出していたとしたら、周りからかなりの抵抗を受けたと思う。それ以上に、心理的バリアが大きくて、「中間」という考え方を持ち出すことにかなりの勇気がいったのではないか、と推察する。その根拠は、何千編という多くの外国人科学者による解説論文を読んできた私の感覚と経験である。

実は、中性子というのも、西欧文化からすれば、あまりうれしくなかったのではないか、と疑っている。しかし、この中性子に関しては、チャドウィック（一八九一〜一九七四）が実験で明確に証明してしまっていた。もう仕方ない、というところだったのではないか。しかもまあ、陽子というプラス電荷の粒子がマイナス電荷の電子を取り込んでしまって中性子になる、という、一見それふうな解釈が可能に見えたことも救いだったのではないだろうか。

と、以上のような妄想を展開してみたわけだが、ここの部分は、あくまでも個人的な空想なのでご容赦いただきたい。

これより、もう少し確かな話で、当事者とも何度か話し合った議論を次に紹介させていただく。それが、木村資生(きむらもとお)博士との分子進化の中立説に関する議論である。

分子進化の中立説の源泉は、数学か日本語か

木村資生博士（一九二四〜九四）は遺伝学や進化論という分野だけでなく、おそらくは生物学の分野で最も有名な日本人ではないだろうか。ちょうど二〇年前、博士は七〇歳の誕生日に亡くなられた。沼津での葬儀も思い出されるし、何度か「木村ですが、ちょっと来ていただけませんか」という電話をいただいたことも懐かしい。お声がかかると、私は急いで新幹線に飛び乗り、都心から三島まで駆けつけた。仕事だったり頼まれごとだったり、用事が済むと、博士がデザインされた暖簾とか著作、そしていつも、日本酒一合をお土産にいただいて帰京したものだった。たぶん、私と同じ経験をされた編集者も多いのではないか。

木村資生博士は、「分子進化の中立説」という進化理論によって、世界中の生物学者に知られている。特に生前は、国際会議などで日本を訪れるノーベル賞受賞者を含む生物学者は、ほとんどすべて、必ず静岡県三島市の国立遺伝学研究所に博士を訪ねたものである。文字通りの「三島詣」であった。あるいは今の山中伸弥博士がそんな存在かもしれない。

錚々たる訪問者は、お皿にサインをして、遺伝研にその足跡を残した。一部は今も資料室に展

示されている。「サイエンティフィック・アメリカン」のジェラルド・ピール社長やネイチャー誌のマドックス編集長なども、三島諭を希望していたのではなかったかと思う。なぜ、木村博士がこれほどの有名人だったかといえば、この「分子進化の中立説」が、ダーウィン(一八〇九～八二)以降、進化論における最も画期的な新概念だと見なされていたからである。

進化論の衝撃

進化論という学問自体の歴史や経緯は多くの書物に書かれているし、私は門外漢なので正確には語れない。ただ、進化論という考え方が、どれだけ大きな衝撃を西欧社会に与えたかは、たぶん日本人には九九％理解できないのではないだろうか。それは聖書に対する完全な対抗であり、聖書の内容を否定するものであったのだ。ダーウィン自身、決して非キリスト教的な人生を送ったわけではないのだが、進化論を発表することが神や聖書を否定することになりかねないことをよくよく承知しており、構想、そして確信したあとも、長い間、発表を控えたくらいのものだった(『ダーウィンの生涯』八杉竜一、岩波新書など)。

進化という考え方を初めて公表したのはジャン＝バティスト・ラマルク(一七四四～一八二九)という人で、一八〇一年のことである。それ以降、何人かによって、聖書の考えと進化の考え方の整合性や反整合性が詰められていくが、もちろん両者の溝が埋まるはずはなかった。そうした論争と並行するかたちで、ダーウィンは有名なビーグル号による世界一周の航海(一八三一～三六）を経験する。そして、それぞれの大陸に固有の動植物が適応している現実を目の当たりにしたのだった。自然選択（自然淘汰）による生物進化のアイデア自体は、帰国してすぐの一八三八年だったと書き残している。しかし、有名な『種の起源』を出版したのは二一年も後の一八五九年であった。

この考えはその後、多くの論争を生むとともに、解釈の変更などもあり、さらには別の考えと融合したり区分されたり、変貌・変遷を遂げていく。ただ、誤解を恐れず大胆に要約すると、もともとのダーウィンの進化論は、自然淘汰つまり、すぐれた形質を持った個体が多くの子孫を残すことになり、そうした形質が種内に残るように進化していく、ということになろうか。

ダーウィンは進化という考えを最初に出した人ではないが、少なくとも進化という概念の有効性を広く伝えた人である。キリスト教および聖書では、人の祖先はアダムとイブなのであって、チンパンジーなど類人猿と共通の祖先から人間が誕生・進化したわけではない。人間という存在は特別であって、生物すべての中で最高の地位に君臨する存在だ。

だから、いまなおアメリカの原理主義教団は、小学校で進化論を教えてはいけないという州の法律を作ったり、進化論を教育しようとする科学者や教育者に対して、あらゆる妨害活動をしているわけだ。進化論は聖書の考えを否定するものだからである。この反進化論運動は生易しいものではない。インテリジェント・デザインとか新しい怪しげな概念を動員したりして、どうにか進化論教育をつぶそうとしている。ジョージ・ブッシュなど大統領まで務めた人がその先兵となっているケースもあるのだから、根はおそろしく深いのだ。

もちろん、キリスト教の多数派であるローマ教会やプロテスタント各派は、『種の起源』の刊行以降、生物進化論と共存できる道を探ってきたように見える。画期的なのは、一九九六年のローマ教皇ヨハネ・パウロ二世の声明と思われる。「神様のみが人間の魂を造ることができることを支持するならば、創造と進化は矛盾なく、両立する」と語ったという。ここまで歩み寄るのにも、大きな勇気がいったのであろう。

中立説は純粋に数学から生まれた

さて、木村資生博士の「分子進化の中立説」に話を戻そう。私は何度か木村博士ご自身に、次のような趣旨の質問をしたことがあった。「先生の中立説というのは、先生が集団遺伝学の研究を日本語でなさっていたことの影響が大きいのではありませんか」と。この私の質問は、木村博士の直観に響かなかったのか、肝心の趣旨がうまく伝わらなかった。この質問に博士は「僕の中立説は、純粋に数学の理論から生まれたのですよ」と答えられ、日本語という表現形式ではなく、数学という表現形式が発想の源泉であったと断言された。

しかし、ご自身は明確に否定されたけれど、今でも私は、木村博士が日本語で進化論を考えられたことが、中立説誕生の一つのカギだったのではないか、と推察しているのだ。

その理由を述べる前に、分子進化の中立説について、少し説明しておかねばならない。岩波新書に書かれた博士の『生物進化を考える』をもとに説明するが、木村博士がちょうどこの本の原稿を書かれている時にも、私は右のような質問をした記憶がある。今回、何度めかは忘れたが改めて読み返したところ、まるで私の質問に答えるかのように、「日本語じゃない。数学ないしは理論的必然として生まれたのだ」と書かれた箇所があることに気がついた。

博士が専門とされた集団遺伝学という学問では、ある生物集団の中に存在する遺伝子の頻度（占有割合）が、時間とともにどう変化していくかを確率過程として数学的に議論していく。統計的色彩の強い数学で、私にも十分に理解できるし実感もわくので、編集者兼科学ジャーナリストとしては、集団遺伝学は大変に説得力のあるおもしろいテーマだった。遺伝とか進化の話は、ともすれば「論」の方が強く、思想や考え方が強く支配して、科学の本流からは別もの扱いされる傾向がある。

しかし、木村博士たちが取り組まれていた集団遺伝学は、現実との対応はよくわからないが、少なくとも理論的にはきれいに理屈が合う。そして一九六〇年代から分子遺伝学、つまり生命分子と進化を結びつけて考える学問が始まり、さまざまな生物におけるヘモグロビン分子を相互比較することによって、生物進化によってどのくらい分子が変化するか、といったことが少しずつ明らかにされていった。

遺伝学に多大な貢献をした中立説

同書によれば、「分子レベルでの進化と変異に関するデータの出現はこの分野における新しい時代の到来を告げるものであった」というから、木村博士がいかにわくわくされていたか想像できる。木村博士は、ヘモグロビンやチトクロムcなど少数のタンパク質に関して、哺乳動物のゲノム当たりの変化率を求めた。すると、哺乳動物の種は、二年に一個の割合で新しい突然変異を蓄積することがわかり、予想よりはるかに多いことがわかった。種内の変異に関しても、ショウジョウバエなどで、従来の考えよりはるかに遺伝的変異性が高いことがわかった。

これらの結果を集団遺伝学の立場で説明するためには、どうしても、自然淘汰とは無関係な中立の突然変異が重要であって、その偶然的な浮動が分子レベルにおける進化で主役を演じている、と考えざるをえなくなった。以下、原著作のまま引用する。

「……一九六七年になって筆者が達した結論である。この考え（中立説）を秋になって福岡の遺伝談話会などで話したうえ、短報を書き年末近くにイギリスの科学雑誌「ネイチャー」に投稿したところ幸い受理され、一九六八年の二月に発表された。」

この発表の直後から、木村博士の中立説は、世界中から集中砲火を浴びる。それは博士が記したように、「中立説は決してダーウィンの自然淘汰説を否定するものではないが、その頃主流だった進化総合説の考えと合わないので」、多くの論争を引き起こしたのだ。進化総合説とは、ダーウィンの自然淘汰説とメンデルの遺伝学説を融合した考え方で、ネオダーウィニズムとも呼ばれ、今日でも主流の進化論である。特に木村博士によるネイチャー誌への論文以降、米国の学者によって「非ダーウィン進化」という衝撃的なタイトルで、分子生物学の最新データに基づく中立説と同じ考え方が発表され、激しい論争を生んだということだ。

さて、これまで読んだ時に気がつかなかったフレーズに、今回気がついたのはこの後だ。「このように、筆者にとって中立説は観察データの分析に基づく理論的必然に迫られて提出したもので、当時の進化総合説に洗脳されていた一人として、感情的には自分の出した中立説がなかなか心からは信じられないところがあった」。あくまでも、数学から出たのだという私の質問への回答だと直観した。それでも、中立説を否定するような集団遺伝学のデータが次々と発表される。内心、おだやかではいられなかったはずだ。それでも、決定的に否定する根拠とはなりえないことがわかり、研究を前に進める力となったのである。

木村資生博士の科学者へのプレゼント

そして、いまなお、世界中の遺伝研究者、特にゲノムとかバイオインフォマティクスとかいわれる分野の研究者が恩恵を受けている木村資生博士の成果が生まれる。それは、機能的に重要でない分子ほど、アミノ酸やＤＮＡの置換が速く起こること、その置換率（進化速度）の最高が突然変異率で決まるという「定理」だ。木村博士はこのことに一九七三年ころ気がついたという。

要するに、生存に必要なアミノ酸に変化をもたらすような変異はあまり置換されず、使われないところの変異は、大きく変わっても影響が少ない（淘汰に関与してこない）ので大きくなっていくということだ。

このような事実は、今日のバイオインフォマティクスの常識となっている。というより逆に、変異の少ないところは重要な機能を果たしており、変異の多いところは使われていないところ、という推定や判断がなされている。しかし、もはや今日では、この重要な「定理」が木村資生博士による中立説の派生物であったことを知っている人はほとんどいないのではないか。科学の成果とはそういうものかもしれない。

中立説は日本語の科学ゆえに生まれた？

さて、これから先が、木村資生博士ご自身が否定された私の仮説である。つまり、木村博士の中立説は、日本語で集団遺伝学をされていたから、生み出されたのではないか、というのが私の質問だった。すでに述べたように、進化論、そしてダーウィンの『種の起源』そのものが、反キリスト教的色彩を帯びた革命色の強い考え方であった。しかしそれは、近代科学の発展と歩みをそろえるように、合理的で実証的な知識と見なされていった。それには、たぶん、原子や電子や原子核の発見など、物理学による科学知識の革新とその波及効果などが大きな役割を果たしたのではないか。科学の知識が社会に普及するにつれて、進化に関するキリスト教ドグマが相対的に弱まっていったのであろう。

しかしその一方で、進化論の中では、自然淘汰というドグマの力が大きくなっていったのではないか。かつては「生存競争」や「適者生存」という言葉が普通に使われ、ともすれば、優れていて力のある人間が生き残るのだ、という一面的な結論を導きやすい側面が、ダーウィンの進化論にはあった。ヒトラーの優生学への信奉の背後には、自然淘汰、ダーウィニズム、社会ダーウィニズムがあったと言われている。

そのような適者生存とか自然淘汰という概念は、西欧社会にとって反動作用のようなものではなかったか。つまり、進化という聖書の根本を否定する概念を受け入れざるをえなくなった時、最高の価値を持つ人間まで一気に進化するスキームは、単純でわかりやすいし受け入れやすかったのではないだろうか。人間は他の動物より優れており、それゆえに競争に勝ち上がってきた、というスキームである。これは、とりもなおさず、人間という別格の存在を認めることになり、裏で聖書の文脈と符合するではないか。また、すでに述べたように、この勝つか負けるかの論理は、西欧社会が愛してやまないものだ。良い悪いというレベルの話ではなく、好きか嫌いかということだ。

であるから、もしも、木村資生博士がアメリカ人であったら、果たして中立説を発表できていたのだろうか、と考えてしまうのである。博士がご存命であれば、きっと「僕はできたと思う」とおっしゃるであろう。でも私は、できなかったと思う。そして「なんで君はそんなにこだわるのかなあ」とおっしゃるかもしれない。最大の理由は、湯川秀樹博士の際にもふれた「真ん中は中途半端」という西欧文化の潜在的な概念が邪魔するはずだからだ。

木村博士も書かれているように、中立説への攻撃は、ダーウィニズム支持者からのものであったのだ。こう言っては言い過ぎになるが、ダーウィニズムは、ある意味で、キリスト教の教義に代わる新しいドグマとなりつつあったのではないだろうか。

こうした推論を含めて考えてみると、日本というのは、やはり西欧文化と異なり、ある意味で冷静な側面があると思うのだ。すでに述べたように、ダーウィンによる原書の発行は一八五九年一一月二四日である。最初の日本語版は、立花銑三郎（一八六七～一九〇一）の翻訳により一八九六年に『生物始源』として刊行されている。明治維新をはさみ、それから三〇年、すでに述べたように日本の科学が世界と同レベルで競争していく時代と符合している。しかも、日本人はこの進化論がとても好きだったという話が残っている。確かに、キリスト教という束縛のない日本で、進化論が西欧社会よりもはるかに自然な形で受け入れられていったことは想像に難くない。

進化論というのは、一〇〇％科学の議論かというとそうは言い切れない面がある。日本には今西錦司博士（一九〇二～九二）の進化論（棲み分け論）があったり、構造主義生物学による進化論というものを主張する人がいるなど、かなり自由な論陣が張られている。こうしたところも、どこか日本人に親しみやすい、ないしは議論しやすい側面を持っているのかもしれない。私はこれを「絶対神に束縛されない文化・社会」と呼びたいと思っている。実はｉＰＳ細胞の山中伸弥博士の仕事も、あるいはそんな環境ゆえに生まれたのではないかと思っているのだ。

生物学とはどういう学問か

余計なお世話かもしれないが、そもそも生物学とはどういう地位にある学問か、簡単に説明しておきたい。つい半世紀前まで、日本でも、生物学という学問は高貴な方、毛並みのよい子弟の学問であった。戦前や戦後すぐぐらいの旧帝大の生物関係の教授陣をみると、そういう立派な方々が並んでいた。

なぜ良家の子弟が生物学を学んだのか、その理由はよくわからないが、なにしろ、それはほぼ現実であった。また、日本では皇族の方々の生物学に対する造詣が深く、うまく足並みがそろっている。昭和天皇はウミウシの権威であられた。今上天皇も魚類の立派な研究者であられる。秋篠宮様はナマズの研究者で博士号をお持ちである。きちんと学問の話のできる学者は必須であり、特に戦前は華族制があったので、身分の高い方々が生物学を学ばれたのかもしれない。戦後はその名残りであろう。

実は、王族・貴族文化の残る英国でも、生物学は階級が上の人々の学問だったようである。ロンドンの中心からすぐのところに「王立キュー植物園」があり、またテムズ川にそって、かつて植物園ないしはそれに類する施設であった場所がいくつもある。これらが大英帝国時代にいかなる役目をになったかというと、今日のような見せ物施設の意味も少しはあったかもしれないが、主目的は、植民地における農園経営のバックアップであった。

例えばアフリカに良い香りのコーヒーの原木があったとすると、ロンドンやその他の栽培に適した植物園に運び込んで、品種改良を加え、別の植民地、例えば南米の農園での栽培に適するように改良して、その苗木を送るようなことをしたという。日が落ちることを知らない大英帝国は、さまざまな植物を世界中の植民地経営に利用する体制となっていたのである。

こういう仕事をになった人々が「植物ハンター」である。ダーウィンが参加して世界一周に出かけた「ビーグル号」の目的の一つは、もちろん、こうした価値のある栽培植物を採集してくることであった。ダーウィン自身は医師・学者の一族の出身であり、彼の仕事は生物学ではあるが地質学の色彩も強いのは、そうした背景があると思う。英国国王は象徴ではなく、真の勇者であることを要求されたということなので、海賊の頭領としての素養の一つとして、あるいは植物学や博物学の知識が必要だったのかもしれない。このあたりも日本と好対照だ。

この章では、日本の科学が生んだ偉大な成果である中間子論と中立説を取り上げ、日本語独特の感覚がこうした成果につながったのではないか、という仮説を紹介した。もちろん、証明のできない希望的観測ではあるが、少なくとも、「日本語でなされた思考作業によって、世界的な成果が得られた」ということは、否定しようのない事実である。

第7章
非キリスト教文化や東洋というメリット

多神教世界の豊かさ

日本という独自の文化的背景を持った社会の中で、日本語による科学を進めることは、実は多くの利点を持っている。最近、日本だけにしか通用しない高度な進歩という意味で〝ガラパゴス化〟という指摘がたびたび登場するが、科学や技術の分野においては、自然科学という背景もあり、それはあくまでも普遍性を備えた形で進んでいる。日本語の科学や技術はますます充実しているのだ。

前章でふれた湯川秀樹博士や朝永振一郎博士の仕事は、その後の日本において大きく発展し、福井謙一博士のフロンティア軌道理論などにつながっている。また、今日世界をリードする材料科学なども、深い部分でつながっていると思う。さらに、真ん中に存在感を見いだす文化は、中間子論や木村資生博士の分子進化の中立説を、まさに自然な形で生み出してきた。今日の日本の科学をみても、その豊かな水脈が絶えることなく続いていることがよくわかる。

そこで次に、日本語という言葉の側面はひとまずおいて、日本という文化、具体的には、多神教的世界観ゆえに、科学概念に貢献できたのではないか、と思われる例をあげてみたい。多神教社会とは、養老孟司博士はじめ多くの方々が指摘しているように、どこにでも神様がいる世界ということである。山の神様、海の神様、川の神様、大きな木があればそれも神様だし、森にも井戸にも神様がいる。このように、日本には昔からたくさんの神様がいる。私がそうした文化的背景に気がついたのは、かなり年齢を重ねてからであった。

この多神教文化、あるいはアニミズム（精霊信仰）は、少なくとも現在のキリスト教やイスラム教などの一神教とは明らかに異質の考え方だと思う。渡来人の思想宗教や日本の仏教や神道なども別物なのであろうが、これらとは、どこか馴染みがよい。多神教文化が日本の体系的宗教のもとになっているようなイメージを持っている。こうした文化的背景というのは、科学のような近代合理主義的な体系の中でも、思わぬところに顔を出してくるように思うのだ。

山中伸弥博士のｉＰＳ細胞

前章の終わりのほうで触れたが、結論を先に言うと、山中伸弥博士によるｉＰＳ細胞の構築ないしは発見の中に、私は、どこかしら、この文化的背景の違いを感じ取るのである。

山中博士は、二〇一二年のノーベル生理学・医学賞を受賞されたわけだが、発表の時、私は「受賞は当然だが、それでも受賞は早すぎる！」と思ったものだ。私と同じ感覚を持った科学者、ないしは科学ジャーナリズム関係者はかなりいたはずだと私は思っている。

ノーベル生理学・医学賞というのは、一時、分子生物学や分子免疫学（利根川進博士など）関係に受賞者が多く出たために、日本のマスコミでは、基礎医学的な研究に贈られるものであるという誤解があると思う。しかし、ノーベル自身の遺言にもあったと思うが、この部門は、あくまでも医学が中心にあって、それは実際に過去の受賞者をみれば一目瞭然なのだ。生理学といっても多くは、病気の治療や予防などにつながるところの生理学であって、極端な言い方をすれば、健康な人の生理学に関心があるわけではない。したがって、いわゆる普通の生物学も受賞対象とはなっていない。唯一の例外は、ティンバーゲン（一九〇七～八八）とフリッシュ（一八八六～一九八二）とローレンツ（一九〇三～八九）に贈られた一九七三年と思われ、異例中の異例であった。

もう一つ、ノーベル生理学・医学賞には原則のようなものがある。それは、実際に医療として使われたということである。もちろん、生理学であれば治療に直結していないし、医学でも微妙なものもある。それでも、一一〇年以上の歴史において、ノーベル生理学・医学賞は、基本的に、病気を克服して人々の生命を救済した医学行動に贈られているのである。その意味においては、山中伸弥博士のお仕事は、将来性は高いとはいえ、まだ、誰一人として助けていないのである。したがって、二〇一二年の授賞は異例中の異例といってよいものであった。

ノーベル物理学賞と化学賞はどこで分けられるか

これについて語る前に、一つだけ、脱線させていただく。それは、「ノーベル物理学賞と化学賞の区分は、どこにあるか？」というクイズだ。計測学、電磁気学、分光学、光学などを物理学賞に含めるというのは、意図的に決めているようである。では、物質についてはどうなのだろうか。大きさの順にあげると、クラスター（結晶などの集合体）→分子→原子→原子核→陽子や中性子→クォーク……となる。どこかに物理学賞と化学賞の区分でもあるのか、それともないのか？

実はあるのだ。境目は分子と原子の間である。分子より大きな話は、ノーベル化学賞の対象となり、原子より小さな話はノーベル物理学賞の対象になっている。これは、過去の受賞リストを見ればはっきりとわかる。では、その境目にある気体運動論や統計物理学などは、どちらの分野なのだろうか。日本においては明らかに「物理学」であって、この分野で素晴らしい成果をあげた研究者がいて、お弟子さんたちが一生懸命、ノーベル物理学賞を受賞されるよう、動いていたことがあった。

しかし、ノーベル賞の基準では、このジャンルは明らかに「化学」なのだ。実際、一九六八年にオンサーガー（一九〇三～七六）という米国の物理学者が、不可逆過程の熱力学を授賞理由にノーベル化学賞を受賞しているのだ。つまり、賞というのは出す側の論理がまずあるのであって、それを無視して「なぜ授賞しない」と文句を言っても始まらない。お弟子さんたちが、ノーベル化学賞と物理学賞の違いをきちんと見極め、化学者に働きかけを強めていたら、あるいは、もう一人、日本人の受賞者が増えていたのかもしれない。この話は、私自身が、何人かの物理学者に直接こっそり申し上げたことがある。「ええっ！」という返事だったので、専門家でさえ、ご存じなかったのだ。「賞は天から降ってくるもの」という考え方があり、セコセコしないのが日本の伝統なのだろう。

発生学という伝統的学問の中の、再生医療やｉＰＳ細胞

さて、山中伸弥博士の話に戻そう。山中博士との間接的なお付き合いは、すでに述べたように、二〇〇七年一一月、まさに山中博士がヒトｉＰＳ細胞の成功を発表された時だった。繰り返すが、当時の私は、東京電力が発行する社会貢献科学雑誌「イリューム」の編集長を委嘱され、その第三八号の発生学特集の編集と格闘していた。

もちろん、山中博士の仕事が大きな契機となって、再生医療や発生学への関心が大きく高まったわけだが、その当時としても、発生学は非常に興味深く、また「非常に生物学らしい分野」でもあった。この意味は、分子生物学一辺倒ではなく、生物の生物たるゆえんを追い求める余裕のようなものを抱えた学問分野であったということだ。いまもそうだと思っているが、ただ再生医療への関心が強くなって、その分、生物らしさの要素は減っているかもしれない。

「イリューム」の顧問の先生方や編集人である朝山耿吉さん、東京電力の田中俊彦部長（当時）たちと議論を重ね、記事の四本柱を決めた。まず、ゼブラフィッシュの発生学を東京大学教授の武田洋幸博士（一九五八〜）に書いていただくことにした。インタビュー記事は、アクチビンの発見という世界的な成果をあげていた東京大学副学長（当時）の浅島誠博士（一九四四〜）にお願いできた。さらに、理化学研究所グループディレクターの倉谷滋博士（一九五八〜）に、原型論と反復説の話を書いていただくことになった。そして、再生医療への取り組みがいかに進められているか、現状のレポートを掲載することにした。レポーターには田中幹人さんを抜擢した。経緯はすでに述べた通りで、山中博士の記者会見を待って発行することができ、iPS細胞に関して、世界で最も早く、しかも背景にある大きな学問の中の位置づけも含めて、まさに世界のどこに出しても恥ずかしくない最高の作品が完成したわけだ。

この時、田中幹人さんと事前に話し合ったことがあった。彼はそのことを記事には含めてくれなかったが、私の視点は、「もし理想的な再生医療が実現したら」という仮説であった。現代の医療は、医薬品なども含めて、必ず、異物を通じて病気を治している。免疫療法はふつう、自分の生理作用を活性化する形をとるが、免疫といえども、アナフィラキシーを見ればわかるように、完全に無害というわけではない。薬にしても、いくら特効薬などとうたっても、原理的には必ず副作用があるのだ。

このようなことを考えると、確かに空論に近いのではあるが、もし理想的な再生医療が実現し、何らかの異常が体内に生じた時に、それを外部の試験管で修復して元に戻すという治療法が実現すれば、これは、考えうるいかなる治療法よりも原理的に優れているのではないか。こう考えたのだ。理想論ではあるが、これ以上優れた医学の方法論は、いまなお存在しないと私自身は考えている。こういうことを考えていたので、山中博士がヒトｉＰＳ細胞を実現したという話は、夢に一歩近づいたと思ったのだ。

ローマ教会が顔を出してきた！

ところが、本当の論争は別のところで激しく展開されていた。それが倫理論争、宗教論争であった。本当のところは現在でもそうだと思うのだが、目的の臓器や組織を問題なく培養で作り育てあげるためには、胚性幹細胞（ＥＳ細胞）を使うのが理想的なのだ。これは、ヒトの卵子から作る。しかし、ヒトの卵子は、本来は一人の人間となりうる可能性を持った細胞であり、それを実験に使うということは、たとえ別の生命を助けるためであっても、生まれるべき一つの命を失うことを意味する。これが、聖書つまり西欧的倫理観の根幹に触れる大問題となっていたのだ。そして、研究費あるいは研究の差し止めとか倫理委員会による議論とか、すったもんだしていたのである。こうした中で、山中伸弥博士たちによってヒトｉＰＳ細胞が実現したのであった。

ビックリしていまでもよく覚えているのが、まったく突然のローマ法王庁（教皇庁）による発表だった。山中博士の記者会見の数日後だったと記憶するが、教皇庁の生命科学アカデミーのスグレシア司教（後に枢機卿）による発表だった。「難病治療につながる技術を受精卵を破壊する過程を経ずに行えることになったことを賞賛する」として、山中博士の仕事を絶賛したのだ。

正直言って、なんでローマ教皇庁がこんな歓迎の発表をするんだ、と違和感を覚えたのだが、すぐに、なるほどそれだけ深刻な話だったのか、と了解できたのである。教会としても自然な行動だったのであろう。そう考えていくと、山中博士の仕事が、ローマ教会ひいては「西欧キリスト教社会を救済した」ことがよくわかったのだ。

細かい論議はしないが、キリスト教、特にカトリック（バチカン）と、例えば日本社会とは、生命観が根本から異なっている。生き物や存在に対する考え方が異なるように見える。日本では、すべての生き物にやどる命が意識されていると思う。

それに対して、西欧文化もキリスト教文化も（本当のところは知らないけれど、文献や聖書を見る限りにおいて）、人間という存在を、他の動植物や昆虫とは別格扱いしていると思う。それは、人間の尊厳を大切にしているともいえる。日本文化のほうが、あるいは人間とか個人をあまり大切にしていないかもしれない。でも一方で、針供養や包丁塚などを見ると、無生物すら供養する心を大切にしている。こうした日本の文化というのは、特に自身が齢をとってくると、何か、かけがえのないような価値を感じるところがあるのだ。

聖書の精神的束縛とは無縁の日本の科学

話をもう少し本題に戻すと、再生医療のようなテーマと向き合う時、日本の社会でなぜ西欧社会ほど抵抗感を持たないかといえば、要するに聖書の縛りがなく、生命体に素直に向かい合えるからではないだろうか。私はそう感じている。それもあって、次のような疑問を持ったのである。西欧の人々、特に科学者にとって、受精卵つまりES細胞を研究に使うという行為は、ある種の抵抗感、つまり聖書ないし神への冒瀆とか罪の意識が多少なりともあったはずだ。少なくとも日本人よりはそれが大きかったに違いない。そうだとすれば、日本人研究者以上に、iPS細胞のようなES細胞の代わりとなる研究手段の開拓に、一生懸命に取り組んでいいはずである。もし日本が逆の文化的土壌を持っていたら、そうしたのではないだろうか。

それなのに、ある意味で、倫理観が最も反対側にあった日本人、そう山中伸弥博士によって、その深刻な倫理的問題を根本から解決するような仕事がなされた。その当時も今も、日本の幹細胞研究はなかなか充実していて、ES細胞を含めて多くの成果があがっており、そうした中から、山中博士の仕事が生まれたという見方もできるのだ。

「なぜ日本だったのか」、「なぜアメリカやドイツやフランスではなかったのか」という私の中の問いかけは何年か続いた。その期間は、ちょうど、ネイチャー・ダイジェスト誌の編集長として、毎週毎週、ネイチャー誌に欠かさず目を通すことになった時期だった。ニュース記事の中には、もちろん山中博士の仕事を讃えるものや、その背景にある書き手の意図や意見を感じさせるものも多かった。そうした多数の記事を通して、西欧社会に住む人々の真の思いが手に取るようにわかってきたのである。

そして、私なりに出した結論は、やはり、研究と取り組む時に、ある種の抵抗感を持たざるをえない状況においては、革命的な発想とか試みとか、あるいは勇気などは生まれにくい、というものだった。西欧社会の科学は、キリスト教の束縛というハンディを負っていたのではないだろうか。それに対して、山中博士に直接お聞きしてみないとわからないが（お聞きしてもわからないとは思うが）、やはり、例えば西欧文化に縛られた研究者に比べて、抵抗なく素直な形で、真摯に正面からiPS細胞の研究に取り組むことができたのではないだろうか。

もう一点、ネイチャー・ダイジェスト誌でいっしょに仕事させていただいた編集者の宇津木光代さんから、大事なご指摘をいただいた。なぜ日本から画期的な発見が相次ぐのだろうか、という議論の中での話である。宇津木さんは、日本の科学が大きな仕事を生むのには、「見たものを信じる力も大きいと思います。関係あるかわかりませんが、キリスト教教育では、目で見たものは本当の姿でないから、それよりも見えないものを信じろと教わりました」と言うのだ。なるほど、神様は目に見えない！　私には、なぜか知人・友人・上司・取材先にクリスチャンが多い。それでも、このような大事な事実を知る機会はなかったし、気もつかなかった。もちろんこれは一部でしかないが、まさに私が仮説においてきた概念が証明されたような気分になった。

文化と科学的思考の関係はなお考えていきたいと思うが、山中博士の仕事は、まさに、西欧社会の根幹にある聖書にとっての危機、つまり、難病治療か受精卵保護かという二つの命の選択、厳しい二律背反を回避したのである。これは間違いのない事実である。私はこのことを理解した時、いかにiPS細胞の意味が大きいかを悟った。でも、治療の試みくらいの段階を経てから、ノーベル賞授賞になるのだろうと見通していた。しかし、そうではなかった。ノーベル賞は西欧社会の賞だと言われて久しい。二〇一二年の生理学・医学賞は、まさにそのことを証明したと思う。科学よりもたぶん大切なキリスト教的倫理観というのがあって、その危機を救済したのであるから、それはもう別格なのだ。

そう考えているとき、「ニューズウィーク」の記事に、「ヤマナカの仕事はノーベル倫理学賞でもあるのだ」という記事が出た。その通りだと私は思うし、そういう救済とも言える奥深い仕事が、西欧にとって〝地の果て〟とも言える日本から生まれたことを、心からうれしく思う。福沢諭吉などが明治期に正しく評価した西欧文明へのお返しだ。こういうことに対しては、日本人はもっと誇りに思っていいと思う。

二〇一三年一一月、山中伸弥教授がローマ教皇庁科学アカデミー会員に選ばれたというニュースが流れたが、これはまったく自然な出来事であることは、以上の経緯を知れば納得していただけると思う。

異文化が科学や発想の駆動力

異文化として日本だけを考えているわけではないので、その点を少し補足しておきたい。ここ数十年の中で、私が最もおもしろいと思った本の一冊に『脳のなかの幽霊』（ラマチャンドランほか著、山下篤子訳、角川書店）がある。脳という存在が生み出すさまざまな不思議を見事に描き出している優れた本だと思ったのだが、特に私が注目したのは、著者についてだった。名前から想像できるように、著者のラマチャンドラン博士（一九五一〜）はインドの出身で、この本の内容には、西欧社会などインド文化圏以外で育った人間には、絶対に書けない内容が含まれていた。それは、インドの宗教的・文化的背景から生まれてくるものだ。

ラマチャンドラン博士は、この本の執筆時、カリフォルニア大学サンディエゴ校の脳神経科学研究所の所長を務めていた。博士は、大学教育と医師になる教育をインドで受けた。たぶん非常に優秀だったのであろう、博士課程の教育は英国のケンブリッジ大学で受けている。そして、職をアメリカで得たのである。ラマチャンドラン博士にとって、インドに生まれ育ったことは、脳に関するユニークな視点を持つことができたという明らかなメリットとなっている。

ともすれば、西欧社会で学ぶことが科学などの知的競争でメリットになるかのような言われ方をするが、創造性という観点に立った時は、決してそんなことはない。むしろマイナスの面さえあると言わざるをえない。逆に、しっかりとした異文化の母国を持っていることこそが、創造性豊かな成果を生む源泉となりうるのだ。その例が、山中伸弥博士であり、ラマチャンドラン博士だと私は思う。

さらに、もう一つ例をあげておく。特に第二次世界大戦の最中から戦後の時期にかけて、アメリカの科学は大きく飛躍した。大戦前のアメリカは、それほど科学の成果をあげていたわけではない。ノーベル賞でいえば、物理学賞七人、化学賞三人、生理学・医学賞七人で、中心はあくまでもヨーロッパにあったのだ。そのアメリカが戦後、科学の中心になっていくのは、ヒトラーによるユダヤ人追放であった。ヨーロッパの多くの優れた科学者が、アメリカに移住したからである。私は昔、この事実の本質を見ることができなかった。単純に、優秀な科学者がアメリカに移ってきたから、アメリカの科学は繁栄してノーベル賞受賞者が山のように増えた、と考えていたのだ。

しかし、それは半分正解で半分間違いだ。単に優秀な科学者が集まっただけではなく、さまざまな異なる文化を持った人たちだったことが、一番のポイントだったのではないだろうか。原子爆弾開発に深く関わったシラード（一八九八〜一九六四）の文章を見ると、英語とはいいながら、奇妙な表現が山ほどあることに驚かされる。ヨーロッパ、特に東欧地域の人々などは、その地方の歴史や文化を引きずりながら、アメリカに移ってきたに違いない。そうした背景と、もとからの才能や、新たな厳しい境遇の中から、またそうした人々との間の切磋琢磨、異文化衝突を通じて、知のカオス状態が生まれ、創造的な学問が生まれたのではないだろうか。

グローバル化か、ローカル化か

最近の、例えば生命科学、ゲノムの話が登場して以降のバイオサイエンスなど、本当におもしろい話題が少なくなったと思う。毎週ネイチャー誌を見ていて、つくづく思うのだ。アメリカ人のノーベル賞受賞者も、戦後すぐに比べて相対的に減っているだろうし、そもそも、アメリカ発の科学の内容が、本当につまらなくなったと思う。もちろんここで言う「おもしろさ」は個人的な印象であるが、いま私たちが持っている常識を引っくり返して、その意外性や夢を遠い先まで見通させてくれるような成果のことだ。それがおもしろい科学だと思う。独創的で心をわくわくさせるような話のことである。

おそらく、アメリカ科学における多様性が少なくなっているのではないか。アジア系の著者の名前が増えて、一見すると多様性は増えているように見えながら、研究成果がおもしろくないのはなぜだろうか。もっとも、ヨーロッパ発の科学も昔に比べるとおもしろくなく、辛うじて、日本発のテーマに「これは！」というのがあるのが救いとなっているくらいなのだ。

もしかしたら、今日のグローバル化という流れが、科学を衰退させる方向に働いてしまっているのかもしれない。科学論文はほとんどが英語で書かれてしまうし、まあそれは仕方ないとしても、ピアレビューという専門家同士の査読制度が、ものの見方や評価基準をますます均一化、画一化させるように作用している。はね上がりを認めないのだ。しかも、このような査読制度をとるしか、公平なやり方はないという状況なのだから、個性的で独創性の高い成果は、ますます生まれにくくなっているのかもしれない。

こうした中で、いまの科学界あるいは日本の科学界は、どちらの方向を指向したらよいのだろうか。私は、グローバル化の反対の方向、つまり日本ローカルでよいから、個性的で地域的な発想力を磨き育てる方向に向かうことではないかと思う。英語は通用する程度で十分だと思うし、必要なら、見てチェックしてくれる人間を雇えばよいのだ。それより何より、日本語できちんと考え、論理を構築し、正しい議論を重ね、明快な実験を通して、疑いのない成果を出していくことだ。日本語できちんと科学すること、もっともっと日本語で科学すること、それがいま、最も普遍的で世界に貢献する道だと思う。

論文誌などにしても、ネイチャー誌やサイエンス誌の役割が没個性化を進めることになっているのだから、もっと小さな専門に特化した科学論文雑誌が登場するべきだし、これまでともすれば軽視されてきた日本語の論文、あるいは日本語の論文誌を充実させることも大事な対策かもしれない。

ともあれ、日本の科学は、世界の科学を支える何本かの柱であるのは間違いない。それは、ネイチャー誌のフィリップ・キャンベル編集長（一九五一〜）が私に打ち明けてくれた話だ。だとするなら、日本の科学は、今日の世界の科学の停滞を打ち破るためにも、もっともっと大胆でわくわくする成果を提供していかねばならない。本当にそのことを世界が期待しているように思えるのだ。

東西文明の違いをヒントに大発見をした日本人科学者

次に紹介したい日本人科学者は、掘越弘毅博士（一九三二〜）だ。少し年配の人であれば、花王の「アタック」という洗剤に貢献した人といえば、少し興味が湧くかもしれない。昔、洗濯機に使う粉石けんは、とても大きな箱だった。一度の洗濯に要する洗剤量が多かったからだ。世界中のお母さんは、粉石けんを商店やスーパーで買って、よいしょ、よいしょ、と運んで帰ってきていたのだ。

ところが一九八七年、日本から粉石けんの大革命が起こった。現在のようにコンパクトになって、しかもスプーン一杯ほどできれいに洗える洗剤「アタック」が新発売されたのだ。ここにはアルカリセルラーゼという酵素が含まれており、それを発見したのが、当時理化学研究所主任研究員の掘越博士だった。ただ、本当のところは、この「小型化」という特徴は、化学的な工夫とアイデアによって達成された。ただ、アルカリ酵素を初めて取り入れるという画期的な「売り文句」のインパクトを高めるために、花王の研究開発陣は、この「小型化」を同時に実現させたのである。つまり、アルカリ酵素と小型化技術という二つの新性能を実現した洗剤革命、それが「アタック」なのだった。

掘越弘毅博士の発見は、その約二〇年前の話である。それは、歴史の全く異なる社会に生きてきたことのありがたみを、私たち日本人に教えてくれているように思う。

掘越博士が天の啓示を受けたというか、パッとひらめいたのは、なんとイタリアのフィレンツェ（フローレンス）の丘の上だった。一九六八年一〇月の末の一日のことである。当時の掘越博士は三六歳で、研究はスランプに陥っていた。このことについては、彼の自伝『極限微生物と技術革新』（白日社）から引用したい。

「……暮れかかるトスカーナ地方の秋をぼんやり眺めていた。そこには、日本とまったく違った、過去と現在とが融けあったようなルネッサンスの世界があった。ルネッサンスの文明は日本の文明とは明らかに異なっている。一四～一五世紀といえば、日本では室町時代である。室町時代の日本人は、このようなルネッサンス文明の世界というものを、想像することさえできなかったであろう。その時ふと脳裏に閃（ひらめ）いたものがあった。」

その内容は次のようなものだった。

「人の世界にはこのような環境に強く支配された異なる文明があるのだから、微生物の世界にも、きっとわれわれがまったく知らない世界、知られていない世界があるのではないか。文明のことを英語でカルチャーという。このときの私の心に浮かんだのは東西文明の違いであり、まさしくこの言葉なのであった。実は微生物学の世界でカルチャーといえば、それは、培養とか培養器を意味するのである。」

このひらめきとは、東西文明の違いから、当時の微生物学に欠落していた世界に気がついたことだった。近代微生物学は、一〇〇年前、フランスのルイ・パスツール（一八二二～九五）やドイツのロベルト・コッホ（一八四三〜一九一〇）らによって構築されていた。パスツールはブイヨンを、コッホはジャガイモを微生物の餌に使っていた。そして、あらゆる微生物学者が、それらにならっていた。つまり培養条件を忠実に守りながら、それに縛られていたのだ。

掘越博士は、既存の微生物学とは、「カルチャー＝培養条件＝文明」に縛られた世界であると喝破した。だとすれば、培養条件を変えてやれば、別の微生物の世界が見られるかもしれない。その典型が酸性度（ペーハー）だ。酸性側の研究は広く行われているが、アルカリ側の研究は、微生物に与える餌がないためにほとんど研究されていない。アルカリ環境とはまさに空白の世界であり、酸性の世界を西洋とすれば、もしかしたら東洋の世界が存在するのかもしれない。掘越博士は、そうひらめいたのだ。

ひらめいたのだから、いても立ってもいられない。大至急帰国して、理化学研究所周辺の和光市の土壌を採集した。普通の肉汁培地に一％の炭酸ナトリウムを加えてアルカリ性環境にして、そこに三〇カ所ほどの土を少しずつ加え、三七℃で一晩培養した。翌朝出勤すると、すべての試験管の中で微生物が生育していたのだ。

この時こそ、それまでのパスツールやコッホの常識・概念を完全に引っくり返し、アルカリ環境という世界にも生物が存在していることを、人類がはっきりと確認した瞬間であった。表の世界に対する裏の世界、西に対する東の世界、それが存在することが確認された。

パスツールは一八六一年に生命の自然発生説を否定し、微生物学を創始したが、それから一〇七年間、ちょうど半分の世界しか知られていなかったのだ。掘越博士は、世界はその二倍もあること、つまり酸性とアルカリ性の両方があることを、疑いのない形で示したのであった。

大発見を大発見と認識できたのか？

これは誰が見ても素晴らしい大発見だと思うのだが、発見者本人が、その意義を見くびっていた。あるいは、潜在的な意識として、こういう発見をどういう形で論文に書いてよいか、わからなかった面がある。だから、掘越博士はまず、アルカリ環境で生育する微生物が作り出す酵素を調べてみたのだ。これはオーソドックスな微生物学研究の進め方であり、これをすれば、特許や論文を書きやすいので、プロとしては当然の行為であった。すると、プロテアーゼ（タンパク質加水分解酵素）が分離できた。それをまず特許として申請したのである。

もちろん今日では、アルカリ微生物の発見が掘越博士によることは広く知られているが、今ひとつ明快にスパッと伝えられていないのは、このような事情が関係していると思われる。実は、人類はそれと知らずに、伝統的にアルカリ環境の微生物と付き合ってきたことが後でわかった。例えば藍染めがその例で、藍液を発酵させる瓶（かめ）の中はアルカリ性環境だったのである。それ以外にも、例えば灰汁（あく）を染色や洗剤に利用したように、無意識・無認識のうちにアルカリ環境を使っているケースもあったのだ。

要するに、私たちの身の回りにはアルカリ微生物は大昔から存在していた。そのことに、私たちは単に気がついていないだけだった。こういう話を「発見」と呼んでいいのだろうか。

もちろん、答えは「イエス」である。近代科学の概念というのは、それを明確に意識することであり、条件をきちんと押さえた実験で解明された事実を「発見」としているので、掘越博士のケースも何の問題もなく「発見」なのである。

というより、そもそも「発見」という行為は、自然界やこの宇宙にすでに存在しているモノやコトに対してしか、なしえないことなのだ。この世に存在してないモノやコトを生み出すのは、「発明」という行為である。創造性豊かな動物が人間であるから、発明の方がはるかに由緒正しい言葉なのであり、英語でも日本語でも、はるか昔から存在していた。日本語では松尾芭蕉の高弟、向井去来の「去来抄」にも「発明」という言葉は使われている。ところが「発見」という言葉は、せいぜいが江戸末期から明治時代に対応する近代科学の誕生時期に生まれた言葉でしかない。何十年か前は、発明より発見を重要視し、ありがたがる理学系の研究者が日本にたくさんいたものだが、彼らの認識は誤りであり、歴史の順序も前後引っくり返していたのである。

ところで、西欧社会の人々の中にも、掘越博士の発見に関して、どこかピンとこないところがあるらしい。そこには、あるいは、パスツールやコッホへの義理立てのようなところもあるのかもしれない。厳密に議論すれば、「パスツールやコッホの微生物の研究は、不完全であった」ということになってしまうからである。

それはともかく、掘越博士の発見は、要するに別格の発見だ。その理由は、従来の生物学の世界観を根本から変えてしまったからである。こういう発見は、ノーベル賞の授賞対象となるような研究成果や発見とは、レベルが違いすぎる。アルカリ微生物の発見によって、病気が治ったり、薬ができたりと、応用にすぐに結びつくようなレベルの話ではないのだ。それにノーベル微生物学賞やノーベル生物学賞も存在しない。

この「ひらめき」は、掘越博士が西欧人であれば、絶対に気がつかなかったと思う。東洋と西洋のまったく異なる文明を、意識すること自体ができなかったと思うからだ。もちろん、西欧社会の人でも、あるいは気にはなったかもしれないが、パスツールやコッホの微生物学に一〇〇年以上も慣らされ、その妥当性にひたりきっている環境の中では、掘越博士のような研ぎすまされた問題意識を醸成し、育て上げることは、どう考えても不可能であったに違いない。ここでも、文化・文明の異なる世界で、別の言語体系を使って科学を進めることが、いかに高い価値を生むかを明確に示していると思う。

パスツールやコッホの世界を引っくり返した掘越博士の発想は、さらなる革命を起こし、ついには、現在進められている火星における生命探しにまでつながった。このことについても簡単にふれておきたい。

アルカリ環境に微生物が生きていることを発見したので、掘越博士の研究はもうやりたい放題、論文も書きたい放題だった。もちろん、研究には時間がかかるし、一つ一つ問題を詰めていかねばならないので、今日明日のレベルで結果が出るわけではないが、基本的に、掘越博士のその後の約二〇年は「やりたい放題」だった。取り扱う生命現象すべてが「アルカリ環境」というこれまでにない条件なので、ほとんどどんなものでも「新しいテーマ」であり、論文に書けたのだ。基礎的な領域で大きな発見をすると、それがいかに広く展開するか、そのことをよく物語っている。

そして一九八四年、五年間で二五億円という研究費のついた「掘越極限微生物プロジェクト」の責任研究者に選ばれたのである。これもあとで述べるＥＲＡＴＯプロジェクトの一つで、基本的に、「新しい微生物さがし」が目的であった。

微生物ハンティング

ダーウィンの話のところで植物ハンターの例を出したが、掘越博士の場合は「微生物ハンター」だった。酸性ないしは中性環境というそれまでの常識がひっくり返り、アルカリ環境でも微生物がいることがわかった。それ以上のさまざまな環境、要するに、それまで生物など生きられることはないだろうと考えられていた環境においても、微生物が生きている可能性が出てきたのだ。そうした厳しい環境で生きる生物が見つかれば、それが使っている代謝機構や酵素など、有用な応用手段になるのは明白であった。

日本国家の資金をつぎ込んだ微生物ハンティングが始まった。現地に行って土を採集し、その場で培養・解析までできる道具を搭載した移動研究バスも作られた。こうして日本全国をめぐったのである。

掘越プロジェクトの最初の成果は、なんと三角形をした細菌（古細菌）の発見だった。場所は能登半島の塩田で、その土壌の中から見つかった。三角翼の凧のような形で、その頂点に鞭毛がついていた。このような細菌を誰も見たことがなかった。ちなみに、三角形の細菌が細胞分裂するときはどうなるか？　三角形の古細菌は、三角形と四角形に分裂するのだという。そしてその四角形の古細菌から三角形ができるというのだからおもしろい。

第二の発見は、まさに驚くべきものだった。それは、有機溶媒のトルエンに耐性の細菌が見つかったのだ。トルエンというのは猛毒物質だが、石油会社から派遣されてきた井上明（いのうえあきら）博士は、有機溶媒に負けない細菌が見つかれば、石油発酵で高濃度の有機溶媒が使えるために、さまざまに応用できると考えた。こういう細菌探しは、油田とか石油が滲み出るコンビナートなどの土を探るのが常道だが、見つからなかった。掘越博士がもう探索はやめようといっても井上博士はやめなかったという。

ところが意外や意外、石油にまったく関係のない阿蘇地方の土壌の中から、ついにトルエン耐性細菌が発見されたのだった。この論文は、ネイチャー誌に投稿されたが、あまりにも非常識であったため、編集者も査読者も信じることができず、何度もやりとりをして、ようやく掲載された。そして、このトルエン耐性菌は、掲載が決まった号の表紙を飾った。いかにインパクトの大きな発見であったか、容易に想像できるであろう。

その他、多数の好熱菌、好アルカリ菌、嫌気性菌などを発見し、走磁性細菌に大量のマグネタイトを作らせることにも成功した。まさに微生物ハンティングで、素晴らしい成果が得られたのである。ここまで来ると、もう、地上では探す場所がなくなったと言ってよい。

海の底、地中、そして火星まで

そこで掘越博士は次に、海の中に目を向けた。一九九〇年代から海洋科学技術センター、現在の海洋研究開発機構（ＪＡＭＳＴＥＣ）の中に深海微生物研究グループを組織、深海探査船を使って、深海底などからも微生物を採集するようになった。そして、①海水中で原油を効率よく分解する微生物の発見、②一〇〇℃近い温度でも生育する超好熱菌の発見、③逆に冷たい環境でよく生育する好冷菌の発見、④高い圧力下で活性化される生体分子などの発見がなされたのである。

このような流れの中から、ゲノム解析で生命の痕跡を探す手法も登場し、地中深くであっても、古細菌などが存在する可能性がきわめて高くなった。つまり、地球深部掘削船「ちきゅう」で海底の地中深く掘り下げてサンプルを採集してやれば、その試料を解析することで、生命の有無が探れるようになっていったのだ。このような手法の先に、アメリカの火星における生命探査があるといっても、もう違和感は持たないであろう。

アルカリ微生物の発見が今日の火星の生命探査まで行き着いたわけだが、こういう話を、普通の科学者はしない。一つ一つ証拠や論文をあげないといけないので、解説ができない。だから、科学ジャーナリストが、誤解や批判を覚悟の上で、大きな流れの話を書かざるをえないというわけである。

実は、掘越博士のプロジェクトを始めとして、日本発の科学研究プログラムとして最も世界に知られ、また最も大きな成果をあげてきたのが、先にもふれた創造科学技術推進事業（ERATO）である。これは現在の科学技術振興機構に引き継がれているが、もともとは、現在のように文科省ではなく科学技術庁主導の野心的で非官僚的でピアレビューの弱点を超えた画期的なプログラムであった。それゆえ、他の先進諸国が必死で真似しようとしてできなかったものである。それにもかかわらず、本家本元の日本において、そのスタート時の精神が忘れられてしまった。これについては、最後にもう一度考えてみたい。

ともあれ、ここで再び日本人の科学について考えてみると、一部分ではあるが、非キリスト教文化とか東洋文明といった、欧米とはまったく異なる視点を持っていることに気がつく。それは、私たちが持って生まれたものや育ってきた環境について、ほんの少しだけ感覚を研ぎすますだけで、科学という世界でユニークな着眼点を持てるということである。逆に言えば、西欧の科学者は、そうした新しい視点を持つために、非常な努力を重ねている可能性が高い。

第8章
西澤潤一博士と東北大学

言葉の壁も文化の壁も、みんな乗り越えた科学者

創造科学技術立国というキャッチフレーズは、日本がめざすべき方向性を明確に示していると思う。基本的に資源やエネルギーのない我が国は、頭脳と知恵で生きていくしか道はない。そして実際、明治近代国家を構築して数十年で、一部、世界と十二分に肩を並べる技術創造力を持った。太平洋戦争という愚かな失敗は痛かったが、それでも戦後三〇年で再び世界の一流国に復帰した。

発見と発明の違いについて少しふれたが、科学技術の分野で自由に才能を生かせるのは、やはり発明に関わるほうであろう。それが技術分野であり、学問の世界でいえば工学というジャンルである。この工学や技術の分野では、とくに日本語で何の不自由もなく、独創的な成果が輩出し

ている。私は世界で受け入れられた革新的な新技術製品をリストにした「松尾メモ」を作りつづけているが、大半が日本発で困っているほどなのだ。ということは、あるいは、日本語は技術や工学を進める上でとくに優れた言語なのかもしれない。それとも、日本という文化や社会、あるいは教育制度や学問風土が、工学や技術にとくに適するように進化しているのかもしれない。

ともかく、日本の技術や工学の世界は、間違いなく世界のトップを走っている。いまそれが少しだけ心配になってきているのだが、このジャンルの世界的な貢献について、少し紹介したい。あげるべき人は一〇〇人は下らないのだが、「絶対に外せない人」という条件をつければ、元東北大学総長の西澤潤一博士をおいていないであろう。

素直に言えば、ノーベル賞クラスの研究者なら何十人もお目にかかって話を聞いたことがある。ノーベル賞を二つもらってもいいかな、という研究者も何人かはいたと思う。しかし、「この人は大天才で、しかもこんなに頭のいい人間に会ったことはない」といえば西澤潤一博士以外におられない。レオナルド・ダ・ヴィンチや葛飾北斎には直接お目にかかったことはないが、もしかしたら、そういう類いの人かもしれないと思う。

最初にお会いしたのは三五年以上も前のことだが、第一印象は、頭の回転が速すぎて言葉が後からついてくる人、というよりは、言葉がついてこれないほど頭が速く回転する人、だった（頭の回転の速い科学者には早口の人が多い）。実は、私はその後、ずっと西澤博士とお付き合いさせていただいた幸運の持ち主だ。その理由は、私の頭の回転がゆっくりで、競技場のトラック一周分くらい遅かったからである。遅いながらも、ちょうど一周遅れだったので、周期が合っていたのだと今では思う。

ところが多くの科学者や研究者の方、特に大学教授などの中には、スピードの違いから冷静な判断ができず誤解が生じて、西澤博士の真の価値を理解・評価できない方も多いのではないかと思う。それはともかく、西澤博士については、私が「産官学連携ジャーナル」の二〇一一年八月号に書いた文章があるので、それをもとにご紹介させていただく。

量子力学への洞察が多数の発明を生んだ

四〇年以上も科学ジャーナリズムの世界で生きてきて、西澤潤一博士のように一人で多くの卓越した業績をあげた科学者を見たことがない。ノーベル賞さえ貧相に見えてしまうくらいの存在、それが西澤博士と言ってよい。博士の業績が、特に日本社会にいかなる恩恵やインパクトを与えたのかに的を絞って、紹介してみたい。ただし、私は野球場の外野席というよりは、もう少し近い内野観覧席あたりから見続けてきた立場であることをお断りしておく。

西澤博士が取得された特許は、いったいいくつあるのだろう。今は特許を取る大学教授は称揚されるが、かつて「特許を取るけしからん大学教授」とまで言われたのが西澤博士だった。その中の代表的なものをあげると、ｐｉｎダイオード、静電誘導トランジスタ、静電誘導サイリスタ、半導体レーザー、ＡＰＤ（アバランシェ・フォトダイオード）、グレーデッドインデックス型光ファイバーなどがある。これ以外にも、完全結晶技術、テラヘルツ発信器など、今後も重要な意味を持ち続けるであろう科学や技術の分野をいくつも切り拓いてこられた。

三〇年以上前、まだお会いしてそれほど経っていない頃、「なぜ、これだけたくさんのアイデアを生み出せたのですか?」とお聞きしたことがある。すると即座に、「たぶんそれは、他の人より量子力学の本質をつかんでいたからでしょうね」と答えられたことがあった。わからない答えだなあと思ったのだが、その少し後に、少しわかったような経験をした。

西澤博士に「日経サイエンス」に解説論文を書いていただいたことがある(掲載は一九八三年)。これがすごい作品で、最初にいただいた原稿の内容は、私にはまったくわからなかった。仕方なく、テープレコーダーを持って特急列車で仙台まで出かけ(東北新幹線の開通前だった)、教授室で朝から晩までかかって、一つ一つ、内容を解説していただいた。編集部に帰り、私が理解できるレベルでリライトし、草稿試案を作ったのだが、その原稿量は一〇倍近くになってしまった。お書きいただいた一万三〇〇〇字が一二万字を超えてしまったのだ。これでは雑誌に掲載しきれない。そこで、申し訳ないのだが、静電誘導トランジスタの筋だけに話を絞り込み、叩き台を作らせていただいたのである。ちなみに、この叩き台をもとに、西澤博士は素晴らしい解説論文を仕上げてくださった。

その時に西澤博士が解説してくださったことの一部が、次のような内容だ。シリコンやゲルマニウムといった半導体は、そのままでは電気は流れない。電気が流れるようになるのは、半導体の中に、プラスないしはマイナスの電荷が入った状態になったときだ。そこでこの状態を作るために、シリコンやゲルマニウムの格子原子の中に、電子が一個多いリン（P）とかヒ素（As）を入れたり、電子が一個少ないアルミニウム（Al）やガリウム（Ga）を入れたりする必要がある。例えばシリコン原子がリン原子に置き換われば、全体の結晶構造はほとんど変わらずに、電子が一個フラフラと漂う状況が生まれる。だから、こうした不純物元素をたくさん入れて置き換えてやれば、多くの電荷が動けるようになり、電気が流れるというわけだ。

これと同じような状況で、アルミニウムが入ったとする。すると今度は、電子が一個足りない、穴の空いたような仮想粒子が動き回る。そう、これが「正孔（せいこう）」である。この種のp型半導体は、キャリア（電荷担体）がプラスなのである――と、ここまでは、どんな博士でも、ほぼ同じように解説してくれる。三〇年前の私は、この説明に満足しなかった。

その理由は、正孔はあくまでも仮想の粒子、人間の頭の中だけの存在であって、現実に存在するのは電子しかありえないからだ。つまり、正孔などという仮想粒子を持ち出さずに、きちんとp型とn型の半導体のキャリアの振る舞いを説明する話を聞きたかった。すると西澤博士は、それはそれは見事なまでに、一点の曇りもなく明快に解説してくださったのである。

これは強烈な印象だった。西澤博士のアタマの中では、半導体およびその中の構成原子、キャリアの動きや働きが、実にきれいに整理されている。他の半導体研究者には見られないことだった。こうした全体の構図と、そこに働く量子力学がリアルにきちんと見えるから、さまざまな、それこそ山のようなデバイスのアイデアが生み出されていたのである。細かい話はもう忘れてしまったが、当時の私には、その感じがとてもよくわかったのだった。

ミスター半導体

西澤博士の発明の具体例をいくつか解説しよう。ｐｉｎダイオードというのは、日本の半導体産業をジャンプアップさせた重要な特許と見なされている。ＧＥ社はｐｉｎダイオードに関する特許を世界各国で成立させ、素子を世界中で独占的に製造販売していった。ところが日本国内だけは、西澤博士のオリジナルな仕事があって特許も成立していたため、ＧＥ社の特許は成立しなかったのだ。だから、日本メーカーはＧＥ社への膨大な特許料を支払わずに、国内で自由にｐｉｎダイオードを製造販売することができ、半導体産業を立ち上げることができたのである（いまでは想像できないと思うが、一九六〇年代はまだ、日本から海外特許申請などを考える余裕はほとんどなかった）。

このｐｉｎ接合というのは、昔の半導体の教科書には普通に出ていたように記憶するが、いまではｐｎ接合しか記述されていないのではないか。それは教科書が原理を解説するものだからであろうが、現実に実用化されたのはｐｉｎ接合だった。記憶は定かではないが、確か、このｐｎ接合の中間にｉ層を組み入れると性能が飛躍的に高まる理由も、いま述べた構成元素とキャリア担体の動きを原理から理解すると、半ば必然的に出てくる西澤博士の結論であったと思う。

西澤博士が力をそそいでいた静電誘導トランジスタＳＩＴは、ヤマハで実用化され、オーディオ用増幅器などに使われた。ただ、周知のごとく、その後の半導体素子は、微細化と高集積化が技術のすべての動向を支配する要因となってしまった。

静電誘導サイリスタのほうは、少しずつ形を変えていまも生き続けていると思う。というより、西澤博士の静電誘導サイリスタによって、大電力用制御に半導体のスイッチを使うという話が出てきて、その後、実際に現在のように広く使われるようになった。何万ボルトという高電圧電力回路を、半導体でオンオフしようなどという考え方は、小さなトランジスタ回路が主力の時代には、ほとんど顧みられることはなかった。大電力用の素子に使えるほど、静電誘導サイリスタは原理的に「強くて逞しいデバイス」だった。

この話のついでに、どうしても書いておかねばならないこと、それが変換効率の話である。電気というのは大変にすぐれていて、交流電圧であれば、九九％の変換効率で電圧を変えることができる。これを実現するのがスタインメッツ（一八六五〜一九二三）の発明した変圧器である。西澤博士の発明したｐｉｎダイオードは、交流の電気を直流の電気に変換する器械であるが、その変換効率が、実に九九％以上に及ぶのである。また、静電誘導サイリスタは、直流の電気を九九％以上の効率で交流電気に変換することができる。

要するに、人類が開発した九九％以上の効率を持つ変換装置三つのうち、二つまでを西澤博士が実現したのだ。西澤博士は、この二〇年くらいの間、世界中で直流送電を実現すべく奔走されてきたが、それは、博士がその基本技術を発明・開発されたからなのだ。最大の関心を寄せているのがカンボジアのメコン川での水力発電計画で、ここで直流送電を実現したいと考えておられるようだ。

光通信の三要素を発明

光技術においても、西澤博士は、半導体分野にも増して、大変に大きな貢献をされたと思う。そもそも、半導体レーザーの創案では、すでに何人かがノーベル賞を受賞しているのだが、実に不思議なことに、その考案時期が西澤博士よりも明らかに遅い人がいるのだ。いろいろな事情があって、西澤博士の場合、半導体レーザーは特許だけで論文はなかったのだが、実はノーベル賞は、別の受賞例でこの「論文なし特許のみ」のケースも認めているのだ。ノーベル賞といっても神様が決めているのではないことがわかる。明らかに、人間が政治的に決めているケースがあるのだ。いまこそ日本の社会は、ノーベル賞の本質を過大評価も過小評価もしないで冷静に見つめるべきであろう。

半導体レーザーの発明というテーマに関して、いくらノーベル物理学賞の選考委員会が失敗を犯してしまったからといっても、おそらくは世界で最初だったであろう西澤博士の貢献は、科学史から消してはいけない。私はそう確信している。ガリレオ裁判ではないが、最後には、本当の話が残る。それが科学であって、「過ちては改むるに憚(はばか)ること勿(なか)れ」(論語・学而篇)である。それを監視しつづけるのが、本当は科学者であってほしいのだが、それができないのなら、科学ジャーナリストがその役を担わなければならない。

光通信については、送信・伝送・受信が三要素技術と見なされる。送信が半導体レーザーであるが、伝送の光ファイバーについても、また受信のＡＰＤ（アバランシェ＝なだれ・フォトダイオード）も、西澤博士の発明だ。ＡＰＤに関しては、基本的に、現在の技術もその後継と考えてよい。ただ、光ファイバーに関しては、現在のファイバー構造はきわめて単純なシングルモード方式で、屈折率を中心から連続的に変化させていく西澤博士の非常に優れたアイデア、つまりグレーデッドインデックス方式は、実は「不要だった」。もちろん、西澤博士の頭の中に現在のシングルモード・ファイバーのアイデアはあったのだが、弁理士が理解できなかったという笑い話が伝わっている。ただ、慶應義塾大学の小池康博博士（一九五四〜）らによって、ガラスでなくプラスチックの光ファイバー技術が大きく進歩しており、そこではグレーデッドインデックス方式が主役となっている。

ともあれ、このあたりを見ると、実際の産業と考案（アイデア）との微妙なズレが垣間見える。つまり、技術が残るかどうかは、アイデアや技術が本質的に優れていることよりも、現実の製造技術や製造機械や原料やプロセスにうまく適合しているかどうかの方が、ずっと大きな決定要素になる、ということだ。また、隠された背景要素として、特許をすり抜ける方向に動く企業の習性がある。なぜか企業は、良し悪しよりも特許回避を優先するのだ。

それでも、西澤博士が光通信の三要素すべてを考案していたことは特筆されてよい。その西澤博士の駆動力は、「情報通信の周波数を高め続けよ」という八木秀次(やぎひでつぐ)博士(一八八六〜一九七六)以来の東北大学の伝統であった。八木博士は八木・宇田アンテナで知られるアンテナ工学の世界的権威だ。

「よい結晶はよい性質を生む」パラダイムを構築

もう一点、科学者・研究者はあまり高く評価しないので、あえて、きちんと意義を示しておきたい話がある。それが、化合物半導体の「完全結晶」を求める技術開発である。これは、ERATOの第一期四テーマの一つに採用されたものであり、今から振り返ってみれば、科学や技術において、本当に大きくて多彩なインパクトを与え、青色発光ダイオードなどの派生的発見なども生み続けている成果である。要するに一つの科学革命=パラダイム転換を起こしたのだ。

化合物半導体というのは、例えば光通信で使われるガリウムヒ素(GaAs)半導体とか、青色発光ダイオードに使われる窒化ガリウム(GaN)のように、二種類あるいは三種類以上の元素で構成された半導体のことだ。ガリウムヒ素半導体でいえば、元素の最外殻に四個の電子をもつシリコンと比べると、ガリウムは三個、ヒ素は五個の電子をそれぞれもっている。そこで、ガリウムヒ素半導体を作れば、四個に対してマイナス一個とプラス一個でちょうど釣り合い、全体は半導体になるというわけだ。これを昔はIII-V族半導体と呼んだ(ZnSeのような半導体は、四個に対してマイナス二個とプラス二個の関係にあり、II－VI族半導体と呼ばれた）。

さて、西澤博士がガリウムヒ素半導体の「完全結晶」をめざした研究を始められたのだが、おかしいのは、当初、その意義や意味を研究者の多くが理解できなかったことだ。実は、ガリウムとヒ素を比較すると、ヒ素の方が揮発性が高く、結晶をつくるプロセスで、どうしてもヒ素が抜けて孔だらけになってしまう。西澤博士のように実際に結晶を作っていた人には常識に近い話だったのだが、結晶を買ってきて実験しているだけの人にはわからなかった。

だから当時、こんな笑い話があったのだ。どこかの研究会での対話。「ヒ素の孔があいていると言っても、原子レベルでしょうから、電子顕微鏡でも使わないと簡単には見えないはずでは？」とA博士。「いやいや、光学顕微鏡でのぞけば、すぐに見えるんですよ、あははは」と西澤博士。そのくらい、ボコボコに孔の空いたのが、当時のガリウムヒ素の「単結晶」だったのだ！

しかしこれは、たぶん、単なる笑い話では済まなかったのではないかと思う。というのは、ほとんどの研究者が、実際の化合物半導体を光学顕微鏡で観察することをせず、したがって、実際の材料がどんなに不完全か、きちんと評価も理解もしていなかったと思われるからだ。西澤博士をはじめとする東北大学の研究カルチャーの中には、「虚学でなく実学」という強い原則があるのだが、こういう場面で、行方を決定的に左右するのであろう。

いいかげんで不完全な結晶でなく、ガリウムとヒ素が一個一個組み込まれた完全な単結晶を作ろう、そうすれば、真に化合物半導体の性質を活かしたデバイスができるはず、と信じたのが西澤完全結晶プロジェクトだったのだ。このプロジェクトにより、ヒ素蒸気圧結晶成長法が生まれ、それまでとは格段に優れたガリウムヒ素単結晶ができるようになった。

その結果として生まれた典型的な例が、高輝度発光ダイオードである。今のように技術が進んでしまうと、かつて、どれほど研究者・技術者が苦労したかが忘れられてしまうのが残念だ。昔のLEDというのは非常に暗くて、せいぜい電源がついていることを示す表示ランプ程度でしかなかった。豆電球の代わりとしか見られていなかったのだ。そもそも、明るいLEDなど存在不可能だとする解説論文まであったそうだ。それを、いまに続くような明るいLEDにしたのは、誰が何と言おうと、西澤博士なのである。一〇〇〇倍も明るいLEDを同じLEDとは呼べないので、「高輝度LED」と呼ぶようになった。自動車のテールランプとして、スタンレー電気から最初に発売されたが、それはまさしく衝撃的デビューだった。

「よい結晶を作れば、よい性能が出る」というのは、現代科学技術のパラダイムである。これは、いくら強調しても強調しすぎることのない重要なテーゼだ。しかし驚くべきことに、かつては、この「よい結晶を作れば、よい性能が出る」は、決して自明なことではなかった。西澤博士の完全結晶の研究によって、問題が明確化され、実際にそれが作られ、そして性能が飛躍的に高まることが実証されたのである。これもまた、消してはならない科学史の大事な一ページだ。特に若い人には記憶しておいてほしい。この当たり前のことが、たった三〇年ほど前は「当たり前でなかった」という厳然たる事実を。

こういう「当たり前でなかった」ことを「当たり前にした」功績は、実は、科学や技術の世界ではほとんど歴史に残らない。なぜか？ まず、よほど上手に書かないと論文にはなりにくいし、特許にしても、きちんと絞り込まないと成立させにくい。しかも、多くの場合、大半の専門家が誤って理解していたために「当たり前でなかった」のであり、その事実を明らかにすると、多数派の誤解が白日の下にさらされてしまうことになる。みっともない。だから、よってたかって隠そうとする。こうして、「当たり前にした」という大事な仕事は、意図的に科学史、技術史から消されていくことが少なくないのだ。

その意味でも、かつて半導体研究所があった現東北大学入試センターの一画に「西澤記念資料室」が設置されていることは重要だ。溶融ガリウムに含まれるヒ素飽和蒸気圧が問題になった際には、西澤博士は基礎物理学そのものと言える実験をされたのだが、その実験装置もきちんと残され、一般公開されている。このときの実験は、有名な物理学の基本原理が間違っているのではないか、と世界中で大騒動になったものだ。結局、原理は正しいが、広く解釈すべきであることが判明した。

光通信、光素子、そしてテラヘルツ

「よい結晶を作れば、よい性能が出る」パラダイムによって、いま、私たちは非常に多くの恩恵を受けている。太平洋を横断する光ファイバーケーブルも、その光通信に使う半導体レーザーもそうである。青色の実用的な高輝度発光ダイオードは、当時、日亜化学にいた中村修二博士（現カリフォルニア大学サンタバーバラ校教授）によって実現されたが、もちろん、その仕事も、光学顕微鏡を見ながらよりよい結晶を作っていく、という工夫の積み重ねによって達成されたのだ。

ただ、おかしいのは、中村博士の窒化ガリウム（GaN）の場合、明るい青い光が出たのに、その段階では、結晶は西澤博士のガリウムヒ素ほどには、きれいでも完璧でもなかったというところだ。顕微鏡で観るとかなりガタガタだったそうだ。この話のミソは、見かけの出来具合ではなく、よくしようと改良努力していくプロセスの中にこそ、よい結晶を作るための本質的改良があったということだ。

窒化ガリウムの場合、それはまず多結晶状態で実現され、それを成し遂げたのは、世界中で中村修二博士だけだった。真に優れた科学者・技術者は、見かけの皮相を追いかけているわけではない。中村博士とスタンレー電気から日亜化学に移った上司の小山稔（こやまみのる）氏が、最初の高輝度青色発光ダイオードを携えて、徳島県阿南市から仙台の西澤博士のもとに飛んでいって報告した、というのも有名なエピソードである。

西澤博士はテラヘルツ波というこれからの技術の開拓者でもある。これは、何度もお聞きしたことだが、より高い周波数を求めよ、という八木秀次博士の教えを引き継いだものだ。一人一人に周波数を割り当てる時代まで先読みし、ゆえに常に高い周波数を開拓せよ、というのは、まさに卓見である。いまの携帯電話時代を読み切っていた、ということであろう。その「高い周波数」という意味では、光通信によって、一歩高い周波数へとジャンプしてしまったわけだ。その飛び越した空白域、つまり電波と光の狭間の周波数が「テラヘルツ波」なのである。

実学の府・東北大学の申し子

西澤博士は、若いときから東北大学を背負っておられるようなところがあった。よく、東北大学の学問は「実学」と言われるのだが、この言葉を「実際に役に立つ学問」と捉えるのはちょっと軽率だと思う。西澤博士は確か、こうした東北大学の「実学」のことを、「実証的な学問スタイル」「研究主導の学問」と表現されていたのではないかと思うが、私の実感も、そちらのほうに近い。さらに言えば、これは本書ですでに「日本化」と呼んだように、江戸時代の学問の姿勢から延々と続いてきた、まさに日本の正統な知的伝統そのものなのである。

一般に、東北大学で育った一流の研究者は、東京大学や京都大学のような一種のエリート意識とは別の、本当の科学者としての実力を誇りに思う傾向があると感じたものだ。

私が取材で通った東北大学には、何も、工学部だけでなく、考古学の芹沢長介（せりざわちょうすけ）教授（一九一九～二〇〇六）とか、匂いの研究の菊池俊英（きくちとしひで）教授（一九三一～七七）など、ユニークな研究者もたくさんおられた。増本健（ますもとつよし）教授（一九三二～）、岩崎俊一（いわさきしゅんいち）教授（一九二六～）などは工学系だが、東大や京大の教授とは思考法も雰囲気もちょっと違っていた。

東大や京大の教授というのは、総じて、秀才で無駄がなくスマートだった。学問の最新情報、外国情報にも非常に通じていて、だから、非常に抽象度の高い研究テーマに取り組むことが多いのだが、基本的な謎とか未解明の問題を自分の手で掘り出すような方は少ない。東大と京大はよく似ているが、京都のほうが少し逞しい感じがした。

東北大学の、少なくとも昭和五〇年代などは、まさにキラ星のような研究者が並んでいたにもかかわらず、西澤博士を含め、東大や京大のようなスマートさはなかった。伝統に裏打ちされた骨太で個性的な研究者たちだった。そして、何よりも素晴らしいと感じたのは、多くの教授たちが、東北大学の学問スタイルに、また、自分で作り上げた科学や研究に誇りを持っておられたことだ。当時の東北大学は、今で言う創造的な科学のテーマを持たない研究者は一流と認めないような雰囲気に満ちていたと記憶する。

東北大学の学問を育て上げたのは、金属研究（ＫＳ鋼など）の本多光太郎博士（一八七〇～一九五四）、通信工学（八木アンテナなど）の八木秀次博士、化学（ウルシオール）の真島利行博士（一八七四～一九六二）などであろう。本多門下からは、茅誠司（一八九八～一九八八、磁性研究、東大総長）、武井武（一八九九～一九九二、フェライト）、増本量（一八九五～一九八七、新ＫＳ鋼）などの著名研究者が育った。この金研（東北大学金属材料研究所）の名声はいまなお世界に轟いており、増本健、井上明久（一九四七～）、蔡安邦といった超一流の学者が続いている。錆びない高純度鉄の安彦兼次博士（一九四〇～）も金研だ。

八木門下からは、松尾貞郭（電波工学）、宇田新太郎（一八九六～一九七六、アンテナ）、岡部金治郎（一八九六～一九八四、陽極分割マグネトロン）といった研究者が育った。八木博士が大阪大学に移り、初代電気通信研究所長抜山平一博士（一八八九～一九六五）の流れから、松前重義（一九〇一～九一、無装荷ケーブル）、あるいは永井健三（一九〇一～八九、交流バイアス法）、岩崎俊一（垂直磁気記録）という、まさに日本の科学や技術を支えた大物が生まれていく。西澤博士の師は渡辺寧博士（一八九六～一九七六）であるが、抜山平一博士と犬猿の仲だったという話があるので、八木秀次博士への親近感が強いのではないか。このあたりの人間関係は当事者でないとわからない。

天然物有機化学の真島門下の正統な学問の後継者は、七員環化合物ヒノキチオールの発見者・野副鉄男博士（一九〇二～九六）であろう。それとともに、東北大学はガラスの研究に優れた伝統を持っており、これが半導体材料や光通信技術と結びついていった流れがあるようだ。

こうした豊かな東北大学の学統のなかで西澤博士は学び研究を続けてきたのだから、これを誇りに思うのは当然だ。

無数の技術者の心に火をつけた！

最後に、西澤博士が、間接的にではあるが、多くの日本の創造的な技術者・科学者・研究者の心に火をつけた点を指摘しておきたい。繰り返すが、日本にはエネルギーも資源もなく、食料さえ十分ではない。世界で最も豊かな社会を作り上げていることは、何も偶然ではない。世界が真似したいと思う教育制度、社会制度を築き上げたこと、そして何より、圧倒的な科学技術力を持っていることが、その源泉なのである。そしてそれを支えてきたのが、多くの優秀で誇り高き無名の技術者・発明家たちだ。

そうした人々にとって、西澤博士はまさに英雄であり、常に追いかけ続ける価値のある目標であり、そうなりたいと思う鑑(かがみ)なのだ。この実感は私一人だけではないと思う。そういう人に何人も会ったことがあるのだが、全員が、尊敬する人として西澤博士の名前を挙げるのだ。彼らの大半は東大とは関係なく、西澤博士が東北大学出身であることにも、どこか不思議な親近感を持っているように思われた。もっとも、東大教授の中にも密かに西澤博士を深く尊敬しておられる方もいたが、公然と言うのは憚られる感じもあった。何十年も昔の話である。

いまも、西澤博士のたどった道のあとを、多くの技術者・研究者が続いている。これだけは、日本がどんなに変質しても決して消えない本当の財産だ。このように、工学と技術の分野では、もはや日本とか日本語という制約など関係なく、世界の人々が期待する成果をあげている。日本語は明らかに、工学や技術を進める上でメリットを持っていると言える。

二〇一四年のノーベル賞が青色スーパーLEDに

二〇一四年のノーベル物理学賞が、赤崎勇(あかさきいさむ)（一九二九〜）名城大学教授、天野浩(あまのひろし)（一九六〇〜）

名古屋大学教授、中村修二・カリフォルニア大学サンタバーバラ校教授の三氏に贈られた。授賞理由は、「高輝度で省電力の白色光源を可能にした青色発光ダイオードの発明」である。すでに述べたように、このような今日的なＬＥＤ研究は、西澤博士の研究成果から始まったものである。

少しだけ補足すると、半導体による発光素子のアイデアや研究は昔からあって、ＬＥＤより高性能の半導体レーザー（ＬＤ）のほうが、アイデアとしては先んじていた。ＬＥＤの米国特許出願は、一九六二年になってＧＥ社のホロニヤック博士（一九二八〜）によって提出された。最初に実用化したのはテキサスインスツルメンツ社で、一九六四年である。しかしそれは暗い豆電球のレベルで、ホロニヤック博士自身が原理的に明るいものとはなりえないと解説に書いたほどだった。その誤った仮説を正して、今日のスーパーＬＥＤ（高輝度発光ダイオード）への道をひらいたのが、西澤博士である。

工業製品としてのスーパーＬＥＤは、うれしいことに、すべて日本生まれである。赤色スーパーＬＥＤは、一九八三年五月、西澤博士の指導を受けたスタンレー電気が、二〇〇〇ミリカンデラ（二カンデラ）という驚くべき製品を実現した。これは従来品より一〇〇〇倍も明るかった。まさに革命だった。その後、緑色のスーパーＬＥＤが同じくスタンレー電気で開発された。

そして、残された青色スーパーＬＥＤは、一九九三年一一月三〇日、中村修二博士を含む日亜化学工業の技術陣によって発明・実用化された。そこにつながる基礎研究のレベルで、赤﨑・天野両博士や豊田合成のグループが重要な貢献をした。なお、純緑色ＬＥＤ（六カンデラ）も、量子井戸構造の製品が日亜化学で発明され、一九九五年九月に公表されている。

ノーベル賞の授賞理由を見ると、真の価値は青色ではなく「白色ＬＥＤ」にあるようにも読める。現実に、白色ＬＥＤ照明はエジソン（一八四七〜一九三一）以来の白熱灯を市場から退場させつつあるし、蛍光灯の発光効率をも大きく超えてしまった。省エネの白色ＬＥＤはまさに「二一世紀のあかり」であり、その実力を見せつけている。人類が照明に使うエネルギーは膨大であり、それを大幅に減少させてくれるのは確実だ。ではその発明者は誰か？

答えは日亜化学の技術者・清水義則氏である。一九九六年九月一三日に実用化が公表された。画期的な発明は、無名の中規模企業を超一流企業へと変身させた。徳島県・阿南市の日亜化学工業は一九九〇年時点では、社員数が約四〇〇名、売上高一九一億円だった。九三年に、最初の青色ＬＥＤの販売が始まった。約一〇年後の二〇〇二年、社員数は二八〇〇名、売上高は一二〇〇億円と、いずれも約六倍となった。さらに一二年後の二〇一三年一二月時点で、社員数はその三倍の八三〇〇名、売上高は二・六倍の三〇九七億円にまで成長した。額面一〇〇〇円の株式配当は、実に五〇〇〇円である。どれだけ高利益をあげている超優良企業か、これでわかるであろう（『青色ＬＥＤ開発の軌跡』白日社）。

ともあれ、西澤博士が開拓したスーパーＬＥＤは、三原色の赤・緑・青、そして現在最も多く製造されている白色まで、すべて日本人・日本企業によって実現された。アメリカでもドイツでも中国でも韓国でもない。これだけの恩恵を人類にもたらした事実は、大いに自慢していいと思う。

構造と機能

もう一点だけ、指摘しておきたいことがある。それは、構造と機能についてである。第1章で触れた「物性」つまり物の性質は、基本的に、その構成元素と結晶構造によって違ってくる。構成元素が違えば性質が異なるということは、例えば金と鉄で同じ形のサンプルを作っても、光沢から電気的性質までみんな違うということである。一方、結晶構造が異なれば、その物も性質も違う。不定形の炭素であればただの炭であるが、美しい結晶をもった炭素は、女性が大好きなダイヤモンドになる。英語の話はわからないが、少なくとも日本語の「物性」にとって、構造と機能、構成元素と結晶構造は、一体不可分の概念となっている。

新規の材料開発などでも、日本では、このような構成元素と結晶構造をしっかりと意識した上で、研究を進めていく。青色スーパーLEDの場合、構成元素の違いによる候補材料には、シリコンカーバイド（SiC）、窒化ガリウム（GaN）、セレン化亜鉛（ZnSe）、硫化亜鉛（ZnS）などがあった。当時研究を進めていた大企業や有名大学の研究者には、セレン化亜鉛が人気だった。材料処理や研究が進めやすかったからである。しかし、赤﨑博士や中村博士などを含む一部の研究者たちは、あえて難しいけれども安定性の高い窒化ガリウムを選んだ。あとから見ればそれが正解だったのだが、これは賭けに勝ったようなところもある。結果論だということだ。

というのは、少なくとも青色スーパーLEDができた時点で、窒化ガリウムは、それまでの文脈で言えば、決してよい結晶構造にはならなかったからである。確かに研究開発は、「よりよい結晶構造をつくる」という方向で進んでいった。しかし、どうしても壁を越えることができなかった。それを克服したのが、有名な中村博士のツーフローMOCVD方式だ。これは、一見すると、逆の方向のやり方だった。常識を超える苦しまぎれの方法だったのだ。ある意味で〝禁じ手〟でもあった。しかし、窒化ガリウムの青色LEDという宝物は、この蛮勇があったればこそ、手に入ったのである。それが結果として、よい結晶構造だったわけだ。

素子の構造か材料か

これまでの光デバイス関係のノーベル賞授賞例を見ると、ほとんどすべてが、素子構造の考案に贈られていることに気づく。構造か機能かという区分けでいえば、構造の方だ。その典型が二〇〇〇年授賞の「ヘテロ構造」である。二〇一四年の青色LEDもそうだが、半導体の素子構造の中に、電気を閉じ込める仕組みと、光を閉じ込める仕組みを同時に組み込んでいる。これを「ダブルヘテロ構造」という。この時のノーベル賞授賞説明では、このダブルヘテロ構造こそが、青色スーパーLEDを実現するカギであったという見解を発表している。

ところがこれは大ウソである。なぜなら、いくらダブルヘテロ構造を作っても、結晶の品質（結晶構造）が悪ければ、明るいLEDはできないからである。つまり、歴史が明快に物語っているのは、「青色スーパーＬＥＤの実現には、素子の構造などより、窒化ガリウムの結晶品質の方がはるかに重要だった」ということなのだ。それを認めざるをえなくなった。これが二〇一四年の物理学賞の裏に隠された真の授賞理由である。その壁は間違いなく、中村修二博士が打ち破ったのである。こういうブレークスルーは、エリート研究室では生まれない。冒険のできない高学歴の人には無理な発想と行動なのだ。だから、素子構造のような頭脳仕事に傾注し、多くはその隘路から抜け出せないのである。

泥臭いものづくりを評価する日本が、結局は勝つ

では、結晶成長のような地道な仕事は誰がやるのか。中村博士のエピソードとして、フロリダ大学に留学した際に、単に博士号を持っていないだけで労働者扱いをされた話が伝わっている。アメリカの例であるが、実は日本でも、半導体デバイスの構造を考えるような研究は、潜在的に〝高級な仕事〟と見なされてきた面がある。一方、よい結晶を育て上げるような仕事は〝低級な労働者仕事〟と見られてきた。しかし、日本の場合は、そう単純には割り切れない。我々には、誇るべき職人文化の伝統があり、それが最先端の研究開発の現場にも引き継がれているからだ。

なぜスーパーＬＥＤすべてが日本生まれとなったのか。この問いに、私なら次のように答える。

「日本人には、結晶づくりのような地道な仕事を、研究補助者に任せる片手間仕事ではなく、結晶という深遠な世界の謎を解くための重要な作業だと見なす人々がいた。ゆえに一流の科学者が

本気で取り組んだ。だから成功したのだ」と。実際、赤﨑博士、天野博士、中村博士の受賞者すべてが、西澤博士の業績を強烈に意識していて、ものづくりという大事な基本線を外さなかった。

このような研究現場の感覚やものづくりは、欧米の科学では希薄だと感じる。日本は逆だ。職人的な世界観には、本当はたいへんな深みがある。例えば中村博士や西澤博士は、結晶成長の場面を、脳という顕微鏡で拡大してリアルに意識できるほど、真摯に結晶と向き合っていた。〝心眼〟がハイテク研究に要求されることを知って驚いたものだ。このことは二人の対談できちんと語られている（『赤の発見 青の発見』白日社）。

泥臭い世界から、実は新しく美しい未知の世界が開かれていく。しかし、欧米の研究者は、こうした体験的な研究が問題解決のポイントになることに気づいていないように見える。というより、軽蔑しているところがある。材料関係の学術論文を読むとそう感じる。しかし、こういう風潮が支配的であることは、日本の創造的な科学者にとっては、絶好のチャンスだと思う。つまり、材料科学や物性科学などの分野では、今後も当分の間、最も日本的な研究現場から最も世界的な業績が生まれていくに違いない。私はそう予想している。

この章で述べたことは、単に西澤潤一博士が素晴らしい別格の工学者・科学者だということだけである。そこにはもはや、日本語とか日本人とかの但し書きは不要だ。これだけ普遍的で大きな仕事をする人物が、日本の科学技術界から生まれているのである。多くの研究者・技術者がそれに続いている。特に二〇世紀後半からの技術の世界では、日本人の貢献がダントツに大きい。そこであえて、「日本語は、工学や技術を進める上で、メリットを持った言葉かもしれない」という仮説を立ててみたのである。もちろん、その証明には時間はかかるであろう。

第9章
ノーベル・アシスト賞

山ほどあるアシスト賞

すでに述べたが、かつては「日本語は非論理的」で「科学に適していない言語」などと言われたことがある。しかし、二一世紀に入って以降、ほぼ毎年一人の割合でノーベル賞受賞者を輩出するようになり、さすがに、この手の議論（妄説）は消え去った。ここでは、単に受賞者が増えただけでなく、「その研究を受賞対象に導くような決定的な研究成果をあげながら、受賞を逃した人」も増えたことを、指摘しておきたい（前章で述べた西澤博士は控えめに見ても五回以上のアシストをされており、もはや〝ノーベル賞を超えた科学者〟としか言いようがない）。

二〇〇八年のノーベル化学賞は下村脩（しもむらおさむ）博士（一九二八〜）などが受賞されたが、実は、このような研究を現在の脳科学研究に必須のものにまで作り上げたのは、理化学研究所脳科学センターの宮脇敦史博士（一九六一〜）にほかならない。また、二〇〇一年の生理学・医学賞は自然免疫に関する研究だが、これも大阪大学の審良静男博士（一九五三〜）の仕事なしには、多くの研究者の関心を引くことはなかったテーマである。

かれこれ三〇年くらいノーベル賞についてウォッチしてきたが、要するに、ノーベル賞というのは、ある原則で受賞者を決めているわけで、それが実際の科学の進展にあまり貢献しなくても、受賞することがある。物理学賞など、その業績が人類の幸福や繁栄に貢献したかどうかなどまったく関係ない。一番の原則は、特許と同じように、それを誰が最初にやったのかということである。でも、過去の受賞例を見ると、そうでないケースもいくつかあり、人間のやることなので政治的だったり間違いもあるということだ。

科学者の中にも、「所詮ノーベル賞なんて人間の出している賞だし、間違いもあるのだから、あまり騒ぎすぎないほうがよい」と思っている人はかなりいる。しかし、科学者の場合、本人が受賞する可能性もあるので、なかなか言い出しにくい。そしてたぶん、もし受賞したら豹変するであろうことは想像がつく。人間だから仕方がない。歴史を見れば、ノーベル賞受賞者だけで科学が作られたわけではないし、はっきり言って、受賞者がいなくても科学の進展には全く関係なかっただろうと思われる人もいる。そういうものだ。ノーベル賞の悪口でなく、ノーベル賞とはそういうものです、というのがここでの趣旨である。

準結晶の研究

ただ、「あまりにもひどい」と言わざるをえないケースがあるので、これについては、どうしても紹介しておかねば、腹の虫がおさまらない。それが二〇一一年のノーベル化学賞だ。確かに受賞者のダニエル・シェヒトマン博士（一九四一〜、テクニオン・イスラエル工科大学）は準結晶の発見者で文句はない。しかし、この準結晶が実際にどんな構造をした秩序系なのか、それを示さなければ授賞の科学的根拠は得られない。その根拠を提示したのが、東北大学多元物質科学研究所の蔡安邦教授なのだ。名前から想像できると思うが、蔡教授は台湾の出身で、秋田大学に留学していた時に、東北大学金属材料研究所の増本健教授にその才能を見いだされた人だ。

しかも蔡教授は、新種の準結晶物質の大半を発見して、この分野の発展に大きく貢献した。蔡教授はまさに、授賞の根拠となる研究成果をあげた最重要人物である。実際、ノーベル財団は、「準結晶の発見」と題するスウェーデン王立アカデミーによる解説を発表したが、その後半部分、つまり、なぜ準結晶が授賞に値するかを示した内容は、すべて、蔡教授の研究成果の紹介なのだ。それに対し、シェヒトマン博士は、とうの昔に準結晶の研究から足を洗ってしまった過去の人だ。もう一度言うが、蔡教授の研究なくして、シェヒトマン博士の受賞は絶対にありえなかった。

では、なぜ蔡教授は受賞を逃したのか？　それはおそらく、蔡教授とはまったく無関係のスキャンダルが原因だ。あとで少し詳しく述べるが、シェヒトマン博士の当初の発見は、一九世紀から続いてきた自然観からは、絶対にありえないこと、ありえない現象のはずであった。だから、論文を投稿しても、ピアレビューの段階で、ウソであろうと否定された。しかしシェヒトマン博士は何度も説明を重ね、査読者を説得して、ようやく論文受理に結びつけたのだ。一九八四年のことである。

ところが、その直後に、奇しくも、準結晶の理論的論文が発表された。いくら科学に偶然はつきもので不思議な一致はけっこうあるといっても、あまりにも不自然すぎる出来事だった。このとき、理論研究を発表したレヴァインとスタインハートの両博士は、「シェヒトマン博士の査読中の論文など目にしたことはない」と証言したらしい。もちろん、査読の内容を他人に漏らすのは不正行為である。しかし、その後、このときの経緯を調べた人がいて、スタインハート博士が事前にシェヒトマン博士の査読中の論文を手に入れていて、それをもとに理論論文を書いたことが明らかにされてしまった。このことは、日本や米国ではあまり知られていないが、ヨーロッパでは周知のことであったそうだ。

しかも、レヴァイン博士とスタインハート博士らが唱えた理論は、約二〇年後の二〇〇七年に蔡博士のグループによって否定される。スウェーデン王立アカデミーによるシェヒトマン博士のノーベル賞授賞説明には、まさにそのことが書かれているわけだ。ということは、シェヒトマン博士と蔡博士の受賞で、何ら問題がなかったということになる。

なのに、何がそれを妨げたのか。それはもう、スキャンダル以外に考えられないであろう。蔡博士を選べば、必ずスタインハート博士らが思い出され、不正行為が広く明らかにされてしまう。それゆえに、蔡博士には泣いてもらい、発見者シェヒトマン博士だけを受賞者に決めた、というわけであろう。

五〇年後、ノーベル賞の審査過程は公表されることになっている。蔡博士をどういう理由で落選させたのか、どうか、若い人は、ぜひこのことを覚えておいて次世代に伝え、確認していただきたいと思う。それはともかく、日本の科学界は、蔡安邦博士に対して、日本学士院賞とか何らかの大きな賞を贈るべきである。すべて日本で達成された仕事であるし、科学の歴史に刻まれる大きな仕事だからである。

二〇一一年のノーベル化学賞

この準結晶へのノーベル賞授賞というニュースは、実は、ネイチャー・ダイジェスト誌の裏編集長をしているときの出来事だった。ただ、もとのネイチャー誌のニュース記事の内容が、あまりにも貧弱でお粗末であったため、仕方なく、私自身が記事を書いたのである（二〇一一年一二月号四ページ）。

ただ、いろいろと考慮し、またネイチャー誌への遠慮もあって、スキャンダルの話はあえて載せなかった。そこでもう少し、きちんとした解説をしてみたい。というのは、この話は、東京大学工学部の藤田（ふじた）誠（まこと）教授（一九五七〜）の研究などとも、深いところでつながっていく「日本らしい素晴らしい成果」でもあるからだ。

私がシェヒトマン博士の準結晶の発見を知ったのは、発表から約二年後の一九八六年八月ごろである。なぜなら、その年の一〇月号の「日経サイエンス」に「5回対称を示す準結晶」というレビュー論文が掲載されたからだ。同じ年の一一月に超伝導フィーバーが発生し、この重要な話は影に隠された感があるが、なぜか私自身は、超伝導より準結晶の方に強く魅かれた記憶がある。超伝導フィーバーから少したって、日本では準結晶の話が活発化し、編集者でありながら、私も深く関係することになったのだった。

結晶に五回対称はありえない

結晶学というのは、すでに一九世紀に完成された古い学問である。細かい話はいろいろあるのだが、要するに、結晶とは、単位胞（セル）を三次元空間に無限に埋めつくしたもの、と定義される。

例えばサイコロ（正六面体）は空間を隙間なく埋めつくすことができる。この空間格子はまた、「並進対称性」という特徴を備えている。これはどういうことかというと、サイコロが埋めつくした全体を、いっぺんに格子一つ分だけガサッとずらしても、すべてが前とピタリと重なるであろう。これが「並進対称性」という性質だ。だから、このような単位胞の中に、原子や分子を配置し、それで空間全体を埋めつくしたもの、それを結晶というのだ。

以上は三次元空間の話だが、次に、回折像つまり二次元平面での話になる。三次元のサイコロ結晶にX線を当ててやると、回折像といって、点（スポット）が規則正しく並んだ平面画像が得られる。例えばサイコロなら、スポットが碁盤の目状、つまり正方形に配列した格子模様ができる。この碁盤の目というのは、九〇度回転させると、全体がもとの状態と完全に重なる。したがって、九〇度×四回＝三六〇度で完全に元に戻るので、これを「四回（回転）対称性」を持つと呼ぶ。

すぐにわかると思うが、サイコロも角のところからながめると、三方向に稜（辺）が走っている。だから、この方向から回折像をとると三回対称になる。このような対称関係をすべて求めて、そこからもとの結晶構造を逆に求めるのが、X線結晶解析という方法だ。

一九八〇年代の大学の教科書（例えばキッテルの『固体物理学入門』など）には、結晶には、「二回、三回、四回、六回の回転対称性しかありえない」と書かれていた。二回は長方形、三回は正三角形、四回は正方形、六回は正六角形の格子という意味である。空間をすき間なく埋めつくせる同じ形は、これだけしか存在しない。抜けている五回の正五角形では、どうしても隙間が空いて歪んでしまうのだ。したがって並進対称性は生まれず、結晶で五回対称はありえない。これは厳密な平面幾何学の結果であり、自然界もそれに従っているはずだった。

ただし、日本の科学文化の中ではちょっと違っていた。例えば物理学者の伏見康治（ふしみこうじ）博士（一九〇九〜二〇〇八）は、桜の花に代表されるように、自然界には五弁の花びらのようなものが普通に存在するのに、結晶の世界で存在しないのはどこか違和感があると考えておられたようで、五回対称模様の研究と考察をされていたという話を聞いたことがある。

　また、八六年前後に研究者から直接聞いた話だが、実は、何人もの日本の実験物理学者が、回折像の中に、実際に五回対称や一〇回対称のパターンを見ていたというのだ。だけれど、理論があまりにも自明で完璧だったので、見ないふり、見えないふりをしていたのだそうだ。

　ところが、シェヒトマン博士は違った。明るいスポットが正五角形、正一〇角形に並ぶ回折像を見て、ありうるはずだと思った。その五回対称性を観察したのは、アルミニウムとマンガンの合金だった。

　このあたりで、あまり美しくない対応が見られたようだ。ノーベル賞を二回受賞したライナス・ポーリング博士（一九〇一〜九四）といった著名な科学者が、こぞってシェヒトマン博士の主張をあざ笑い始めたのだ。理論のドグマが支配する状況で、それを破るような観測や実験が登場すると、だいたい同じようなことが起こる。それが何度もくり返されるのが科学史の通例だ。実学と空論の闘いである。

　このことがよほど腹にすえかねていたのであろう。シェヒトマン博士はノーベル賞受賞の知らせを受けたとき、「観察を何度も繰り返して確信を持ったなら、そんなものはありえないと他人から言われても、絶対にあきらめてはいけません」とネイチャー誌の記者に答えている。

蔡安邦教授の仕事は、結晶の定義を変えさせた

さて、そのシェヒトマン博士の仕事が、いかにして科学界で認められていったのか。そのあたりの事情は、研究者だけでなく、私たち科学ジャーナリズムの間でも、広く記憶されている。直後に出たレヴァイン博士とスタインハート博士による論文では、論文のタイトルに堂々と「準結晶」という言葉が使われていた。この論文のポイントは、英国の著名な理論物理学者ロジャー・ペンローズ（一九三一〜）の仕事を、三次元空間に拡張したところだ。

ペンローズは、平面においてマクロな五回対称性を実現させるためには、二種類のタイル（ペンローズ・タイル）を用意して、それで平面を埋めればよいことを示していた。この二次元ペンローズ・タイルは、非常にわかりやすく、説得力もあった。その三次元版を作ったのがレヴァイン博士らの理論だった。しかし、ノーベル賞が贈られたあとから考えれば、それは〝大はずれ〟だった。

このような間違いが一時的にせよ研究の世界を支配してしまったのは、さまざまな不運が重なっていたからだ。当時すでに、ペンローズの名声が鳴り響いていたことが、ある意味で、厳しい検討を回避させてしまった。それもあって、レヴァイン博士らの三次元版はペンローズ・タイルの真の拡張版とはいえず、奇妙な空間を作り出してしまうことがわからなかった。そして最終的には、この種の〝非結晶的なモデル〟は、モデル自体がいくら幾何学的に正しくても、本当の自

然を記述するものではなかったのである。

それはともかく、シェヒトマン博士の仕事は広く知られるようになり、材料科学や半導体の基盤である結晶学が「根底から覆された」と大騒ぎになったのだ。そして、世界中で精力的な研究が展開されたのである。

そうした中で、特筆すべき点は、その後、さまざまな準結晶物質が発見・合成されたことだ。五回、一〇回に限らず、八回対称、九回対称といったパターンさえ発表された。そうした新種の準結晶物質の大半（九〇％以上）を発見したのが、すでに述べたように蔡安邦教授だった。

そして一九九二年、国際結晶連合が、結晶の定義そのものを書き換えるところまで行き着いた。これまでの並進対称性や周期による定義を改め、「本質的に不連続な回折パターンを示す物質」が結晶であると定義し直したのである。つまり、ざっくりと大きくカバーすることにしたのだ。これは科学史における大事件だ。この変更は、シェヒトマン博士の仕事ではなく、蔡教授の研究成果から生まれた。まさに歴史に残る成果を蔡教授は成し遂げたのである。

準結晶は、正二〇面体の対称性

幻想や空想であっても、多数の科学者の間で、ある程度の合意がいったん作られてしまうと、そのウソはずっと一人歩きしていくものだ。科学の世界でもそういう例はいくつもある。いま現在でも、準結晶を知っている専門研究者であっても、あるいは、準結晶は三次元ペンローズ・タイリングで説明できると思っている人がいるのではないか。すぐ後に起こった「超伝導騒動」の中でも似たようなことが見られた。科学者であっても、間違いを犯して暴走することがかなりある。

誤解を恐れずに言えば、準結晶に取り組んでいた一部の理論研究者にとって、ロジャー・ペンローズは神様に近いような存在であり、神様が間違っているはずはないと思われていた。ペンローズのアイデアが元になった三次元版ではあるが、本人はそれには何の関与もしていないのに、その三次元版が間違っているなどと発言しようものなら、「出て行け！」とさえ言われかねない状況なのであった。そうした半ば狂信的な科学者の一部は、時々お化けのように登場するので注意が必要だ。

しかし、今日、正しいと認識され、ノーベル賞の授賞根拠になった考え方は、「多くの準結晶は、本質的に、正一二面体（＝正二〇面体）と同じマクロな対称性をもっている」という認識だ。このことは、シェヒトマン博士はもちろん、蔡教授を中心とする東北大学グループが、当初から指摘してきたことだった。しかし三次元ペンローズ・タイリングの支持者は、しぶとく生き残っていた。それにほぼトドメを刺したのが、約二〇年後の二〇〇七年に発表された蔡教授らの論文だった。

正一二面体には、正二〇面体、菱形三〇面体という双対の多面体（頂点と面を入れ替えた全く同じ対称性を備えた多面体）が存在している。これらとその相補的な形が、輻輳しながらも巧妙に美しく空間を埋めていき、しかもフラクタルのような自己相似構造を作りながら、アボガドロ数つまり一〇の二三乗個というとてつもなく多くの数の原子を、秩序正しく空間に並べているのだ。蔡教授のグループはその詳細なモデルを提示し、原子と原子の距離などを精密な実験で突き止めたのだった。三次元ペンローズ・タイルは、こうした大きな構造のほんのわずかなすき間を埋めているにすぎなかった。

そこから見えてくるのは、まさに既存の結晶と同じように、秩序構造を作り上げるマクロな整合性が効いていることだ。だからこそ、準結晶という存在が生まれるのであろう。つまり、もはや準結晶は結晶のおまけではないのだ。

逆に、結晶をより深く理解するための、より普遍的な秩序構造なのかもしれない。少なくとも正二〇面体準結晶は、三次元空間において、ほとんど周期的と言ってよい長距離秩序を持っている。やっぱり自然は、ランダム（行き当たりばったり）でなく、対称性を好むらしいのだ。そしてそれは、おそらく自己組織化とも関係している。

反応中間体を実観測

蔡博士の研究によって「結晶の定義」が変更されたことを述べたが、次に、これに関連する成果として、東京大学大学院工学系研究科の藤田誠教授の研究を簡単に紹介しておきたい。というのは、私は個人的に、藤田教授の研究はノーベル賞に十二分に値すると考えているからだ。ここでのテーマである「ノーベル賞をアシスト」することから少し離れるが、紹介しよう。

化学の世界では、いろいろな分子を、まるで見てきたかのように、分子式や構造式で表現している。例えば水分子はH_2Oで、構造式であれば酸素の両側に小さな水素が二つ、少し角度をつけて手を結んでいる。このような化学構造式は、実は、ほとんどがX線結晶解析という方法で明らかにされてきた。もちろん、この観測方法を発見したドイツのマックス・フォン・ラウエ（一八七九〜一九六〇）博士は一九一四年にノーベル物理学賞を受賞している。

X線結晶解析法は、二〇世紀の科学、いや今なお現代の科学を、根底から支えている素晴らしい観測方法である。複雑なタンパク質、例えば半分が膜に埋め込まれたようなタンパク質なども、いろいろな工夫を通して、分子構造が明らかにされている。二〇一二年のノーベル化学賞のGタンパク質共役受容体の構造と機能の研究も、これによるものだ。つまり、現代の科学にとって、分子の構造はその機能を理解する重要な要素となっているわけだ。

こうした分子の構造をX線結晶解析で明らかにするためには、一つだけ大事な条件が要る。それは、名前の通り、調べる分子の「結晶」を用意するということだ。結晶ができなければ、この手法で構造を解明することはできない。準結晶の場合は、結晶に相当する試料はあったのに、五回対称を示すような回折像はありえないというドグマがあって、解析ができなかったわけだ。

いまでは、理研の播磨にある「スプリング8（エイト）」のような非常に明るいX線源もあり、かなり小さくても、結晶さえ用意できれば、分子構造を描き出すことができるようになった。また、短いパルスで撮影してスローモーションのような画像も撮れるようになっている。その技術的進歩はめざましく、医学や薬学に関係する分子の構造も、いろいろ明らかにされている。

結晶フラスコ

そうした中で、藤田誠教授は、この非常に優れた観測法を、さらに一段階飛躍させる方法を編み出したのだ。それには、藤田教授が自ら「結晶フラスコ」と読んでいる枠のような構造の分子がカギを握っている。

X線結晶解析では、試料が結晶でなければ、構造を明らかにすることができない。例えば小さな溶液中の分子などは、結晶にならないので構造解析できない。そこで藤田教授が考案したのが、三次元のサイコロ格子のような分子だ。そして、このサイコロ格子の中に、調べたい分子を入れてやるのだ。

サイコロ格子は結晶と同等なので構造解析できる。サイコロ格子A+調べたい分子Bは、回折データとしては（A+B）になるので、そこからサイコロ格子のデータ（A）を引き算すれば、残りはB。まさに、内部に入っている小さな分子の構造データが得られるという仕組みなのだ。

藤田教授の手法がおもしろいのは、Aという格子結晶の固体の中で、Bという液体状態の分子のX線結晶解析ができることだ。化学反応を起こされる容器はフラスコだから、藤田教授はこれに「結晶フラスコ」と命名した。

有機化学で最も基本的な反応は、アミンとアルデヒドが反応して、最終的にイミンができるプロセスだ。これまで、その反応の中間体は、分光学的なデータだけで推定されてきた。つまり、実際に、その中間体をきちんと構造解析で求めることはできなかった。それを藤田教授は、この「結晶フラスコ」でついに実現した。液体窒素を加えて、反応を止めたり進めたりして、X線結晶解析をしたわけだ。

新しい観測手法というものは、多くの人々に使われる。その結果、さまざまな成果が生まれ、それに関連する世界が大きく広がっていく。場合によっては画期的な工業製品に結びつくこともある。そうして、分野が大きく拡大し、「これだけ素晴らしいジャンルを作り上げた根本の最初の研究は何なのか?」という探索が行われ、ノーベル賞の受賞対象が選別される。この「結晶フラスコ」はその可能性が大であり、私は未来のノーベル賞だと期待しているのである。

しかも、この研究は、要するに、ラウエとかブラッグ(一八九〇~一九七一)といった由緒正しい科学の伝統を継承しているところがいい。蔡博士の仕事もそうなのだが、こういう科学の伝統、本道をいくような研究で、しかもアイデアが素晴らしい研究というのは、贔屓目(ひいきめ)ではあるが、いまや余裕のある日本の科学界からしか出て来ないのだ。もう少し穏やかに言えば、日本の科学は、こうした美しく確実に未来に結びつく成果を多くあげていると私は見る。そしてそれは、十中八九、日本文化や日本語による思考に基づく科学と、決して無関係ではないと睨んでいるのである。

この主張を裏づけてくれる記事が出た。ネイチャー誌二〇一四年一月三〇日号で、ラウエから一〇〇年の結晶構造解析の歴史を追っているのだが、書き手は藤田博士の真に革命的な仕事の価値に気づいていない。その代わりに、せいぜいが〝努力賞クラス〟にしか思えないGタンパク質共役受容体を取り上げているのだ（ノーベル賞を受賞した研究だから、無難に歴史として取り上げたのであろう）。この記事が典型で、要するに、欧米社会の科学者も科学ジャーナリストも、結局のところ、現在のパラダイムの中だけの議論や科学史に固執している。だから、今日の欧米科学には、わくわくするような革新的アイデアが生まれないのだ。

蔡教授と日本語

ここで述べたかったことは、日本の科学界にはノーベル賞のアシスト賞が多いという事実と、蔡安邦教授の研究がいかに素晴らしいかということである。また本書のテーマに関係することで強調したいのは、台湾で基礎教育を受けた博士が、日本語による科学の世界で大活躍されているところだ。「蔡先生はどの言語で科学を考えておられるのですか」という私の質問に、先生ご自身から次のような内容の私信をお寄せいただいている。

「研究に関わる教育（大学二年から）は、すべて日本で受けました。専門用語やキーワードは、すべて日本語から入りました。冷静に考えてみますと、科学を考える時、独り言等すべて日本語で話していることに気付きました。少なくとも、現在行っている準結晶や触媒に関して、日本語で考えていると思います。一方、数字を数える場合、自然に中国語や台湾語を使いますね。科学に関しては、どこの言葉の専門用語やキーワードを使っているかに大きく依存すると思います。」

準結晶は具体的な応用分野がまだあまりなく、世の中の目が向いていない。しかし、伝統的な学問という観点からみても、たいへんに格調の高い研究といえる。だから、その幹や枝ともいうべきところから、藤田誠教授のようなノーベル賞に値する研究が生まれているのである。こういう研究の展開の仕方は、もはや「日本科学の伝統」とか「日本の科学のお家芸」と呼んでいいくらいの感触を持っている。

第10章
だから日本語の科学はおもしろい

「スペクトロスコピー」より「分光学」

優れた術語は、日本語の科学を実り多きものにする。そんな例として、私は「分光学」があると思っている。対応する英語はスペクトロスコピー（spectroscopy）である。マイケルソン／モーリーの実験（一八八七年）をあげるまでもなく、近代科学において、分光学の貢献は飛び抜けている。分光学の恩恵を受けていない科学分野は皆無といってよい。そのくらい、分光学という学問は、現代科学を支える大きな基盤となっている（でも、どこか地味なイメージが強いのは否めない）。だからこそ、ということでもあるが、私は、英語のspectroscopyよりも、日本語の分光学という言葉の方が、科学全体の文脈において、はるかに優れた術語であると思っている。

分光学とはどういうものか、例をあげておこう。すべての物質を構成するのが原子である。これはご存じであろう。その原子は、中心の原子核のまわりに複数の軌道があって、その上を電子が走っている。歴史を振り返ればいろいろ細かい議論はあったのだが、このとびとびの軌道を電子が走っている事実が、量子力学を生み出すポイントになった。

そうであることは、どのように証明されたのだろうか。実は分光学が助けとなった。電子のまわる軌道は、ちょうど、一階とか二階という決まった高さ（エネルギー状態）になっている。そして、そういう決まった階の所にしか、電子は存在できないのだ。そして、例えば二階から一階に電子が落ちる時、決まった色（波長ないしは周波数）の光を出すのである。

なぜか、と聞かれても、それが自然現象なのだと答えるしかない。分光学の実験をやって調べたら、わかったということだ。要するに、高い所から低い所に落ちれば、エネルギーが減る。その減った分は、何らかの形で表に現れないと辻褄が合わなくなる（エネルギー保存の法則からである）。それが、ある特定の色の光だということだ。

逆に言えば、その同じ色の光を、一階軌道をまわる電子に与えてやれば、そのエネルギーを吸収して、電子は高い二階軌道に飛び移れるのである。つまり、電子が一階と二階の間を移るとき、交換し合うエネルギー・チケットが決まっていて、それがある決まった色の光なのだ。なお、二階と三階の間は別の色の光になる。このような仕組みは、原子や分子というこの世の中のすべての物質を構成しているものについて言える「基本原理」だ。

銀河の元素の存在を教えてくれるのも分光学

もう一つ、分光学の一端をお伝えしておこう。宇宙や銀河の話で、遠くの銀河付近で、例えば星が誕生した直後の姿が撮影された、というようなニュースがある。では、どうしてそれがわかるのだろうか。遠くの天体の姿を見るにはまず、ハッブル宇宙望遠鏡のような高性能の観測機器が必要だ。でも、それは私たちが地球上で望遠鏡を覗き込むことと基本的な違いはない。光をたくさん集めて、小さな天体が見えるかどうかである。したがって、星の誕生直後という情報は、それ以外の、例えばそこに水素やヘリウムという気体が見えなくては、得られないのである。

何十億光年という先に水素やヘリウムという元素があること、その分布の様子を、いったいどうやって私たちは知ることができるのか。ここでも分光学が助けてくれるのだ。

電子が一階軌道と二階軌道を行き来する話をしたが、一番単純な原子である水素に関して、軌道がいくつあって、その細かな中間軌道がどうなっているかなど、分光学の積み重ねによって詳しい特徴がわかっている。それでもまだ、完全には解明されていないから自然というのは奥深いのだが、ともかく、水素に限らず、さまざまな元素に関して、その原子のエネルギー準位構造がある程度わかっている。どれが水素のスペクトルで、どれが炭素のスペクトルかということである。

そのような前提があるので、宇宙の遠い天体を観測する時、ただ漠然と姿だけを見ているわけではないのだ。そこから来た光を分光学的に調べることで、間違いなく水素から出た光、ヘリウムから出た光、というように特定しているのである。そうした分光学の知識体系があって初めて、星が生まれた直後の姿だ、と言えるのである。

それだけではない。そもそも「数十億光年の彼方」という情報もまた、赤方偏移と距離とを結びつける分光学研究から、導き出されているのだ。

もちろん、このような例は、分光学のほんの一例にすぎない。ＤＮＡをはじめ、さまざまな分子の構造も、ほとんどすべてＸ線構造解析によって明らかにされたが、これも分光学の発展型によるものと言ってかまわない。つまり、宇宙というマクロな世界から、分子や原子のミクロな世界まで、今日の科学の最も基本にある測定法、計測技術は、ほとんどが分光学の考え方に基づいているのである。ＣＴやＭＲＩのような画像化装置も分光学の発展型といってよい。

分光学は科学の基本であるから、この分野からは、数えきれないほどのノーベル賞研究が生まれている。最新科学で分光学が関係していないものを探すほうが難しいくらいだ。

さて、分光学の重要性について、少し実感していただけたと思うので、ここでの本題である「分光学」と「スペクトロスコピー」の差について話を進めたい。そもそも分光学という素晴らしい日本語を誰が考案したのか。これも、誰かは判然としないが昭和一〇年版の『理化学辞典』にはすでに項目として記載されている。

英語のスペクトロスコピーは曖昧な表現？

スペクトロスコピーという英語は、「スペクトル」から派生した言葉である。このスペクトルとは、例えば太陽光をプリズムを通して異なった波長（色、周波数）に分けたとき、その虹全体のことを呼ぶのだ。これが元々のスペクトルの意味である。だから、光の「全体」というニュアンスが強い。英語の一般表現でも、例えば「幅広い視点」という意味でスペクトルという言葉を持ち出すことがある。現在の科学では、もちろん全体をスペクトルと言うだけでなく、個々の、例えば赤い光について「赤のスペクトル」という表現も普通に使っている。

では、スペクトロスコピーとは、英語でどういうニュアンスなのだろうか。これはスペクトルの測定研究という意味であり、表面に出ているスペクトルの方の意味が強く、それを導く道具のプリズムや回折格子の意味は、言葉という点では奥に隠されている。これに対して、日本語の「分光学」は逆で、分光＝光を分けるという行為ないし方法論だけに特化して、この学問の本質を術語として明示しているわけだ。

おもしろいことに、スペクトロスコピーの辞書による英語の意味は、実は日本語のニュアンスに近い。英英辞典によれば、「スペクトロスコピックな観測手段で、光を含めた電磁波などを解析すること」だというのだ。日本語の分光学そのものではないか。

それなら、日本語の分光学を英語に翻訳できないのだろうか。言い換えると、分光（学）という言葉を、そのニュアンスを反映した形で英語に翻訳できないのか（冗談半分だが、オプト・セパラトロジーとか……ということ）。一見これは可能のように見えるのだが、よくよく考えると簡単でないことがわかる。分光の「光」のほうは、opticとかlightがある。では分光の「分」はどうだろう。

この日本語の意味は多彩だ。二つとか三つに分割する意味の「分ける」ならdivideであろう。分割したものを別個にする意味での「分ける」であれば、separateであろう。それだけではない。科学ではただ分けてもほとんど意味はなく、きちんと分類しなければならない。この意味での「分ける」はclassifyに違いない。よくよく考えて欲しいのだが、分光学の中の「分」の漢字には、これら三つの意味がすべて含まれているのだ。

回折格子などを使って、光を波長などの違いに基づいて要素に分けること。それぞれを別の光として分けて導いて、それぞれの性質を調べること。そして、個々の関係性を全体の中できちんと分類すること。これらすべてが、分光学にとっては大事な要素なのである。つまり、どれ一つとして、ないがしろにできない。日本語の分光学という言葉には、「分」のところに多義性があるのだ。一つに絞れないから、日本語を一つの英単語に翻訳することができないのである。

こういうケースでは、よく「日本語の分光学には、英語の「スペクトロスコピー」という言葉が持っている広い概念が欠けている」という挙げ足とりの主張が出てくる。それはその通りなのだが、私が言いたいのは、だから英語ではあいまいな概念にとどまっている面があるのではないか、という問題提起なのだ。日本語の「分光学」は、方向性を一つに絞ったがゆえに、はっきりと何をする学問かを示した。ラマン分光、超音波分光、X線分光と、合成語にしたときの語感も非常によい。まさに名訳だと思う。

日本の分光学は世界に貢献してきた

ではなぜ、日本人は分光学の分野でノーベル賞を獲っていないのか。私なら「それは、たぶん偶然でしょう」と答えるしかない。少しでも科学をご存じの人であれば、以下にあげる人々がみな、どれほど超一流の科学者であるか、ご理解いただけると思う（ノーベル賞受賞者より素晴らしい成果をあげた人もいると思う）。

菊池正士博士による電子線回折にはじまり、レーザー分光学（霜田光一博士〈一九二〇～〉など）、X線天文学（すだれコリメーターの小田稔博士〈一九二三～二〇〇一〉など）、電子顕微鏡（上田良二博士〈一九一一～九七〉など）、電子線ホログラフィー（外村彰博士〈一九四二～二〇一二〉など）、世界初の放射光利用（佐々木泰三博士など）、そしてすばる望遠鏡やスプリング8など、分光学やその派生分野において、多くの日本人科学者が多大な貢献を残してきたのだ。ノーベル賞は受賞者ばかりが表に出すぎるが、そこに導く基礎科学の貢献を忘れてはいけない。ここにあげたキラ星のような名前の中には、最終候補者に残った人もたくさんいたはずだということである。

逆に、分光学分野の日本人科学者がいなかったら、今日の学問がいったいどうなっていたか、考えてみればいい。特に実験物理学においては、日本の分光学研究はどの分野よりも優れた超一流の業績を残していると私は見る。日本の底のしっかりとした科学を支えてきたのだ。

論文数の競争などナンセンス

『科学革命の構造』（みすず書房）を書いたトーマス・クーン（一九二二〜九六）をあげるまでもなく、今、まさに科学革命が望まれていると私は思う。現代科学の閉塞感は、何かの間違いから生まれている可能性がある。

ネイチャー誌などを読めば薄々わかるのだが、昔に比べて、本当に、アメリカやヨーロッパから出てくる論文がつまらなくなった。また、中国や韓国からの科学論文が相対的に増えているが、実際に読むと、科学の本道という観点からは、ほとんどがつまらない論文ばかりだ。もっともこれは私の偏見かもしれないので、ぜひとも、専門家や科学政策担当者も実際に読んでみてほしい。

科学論文を量産する国が、科学に力を入れているのは一面の真理であろう。しかし、論文数至上主義への批判でもあるが、質を問わずして、何が分析であろうか。確かに、質の評価は難しいし、簡単にはできない。私はただ、論文数の国別比較評価などをする人は、少しでもいいから論文を読んでから、分析を進めるべきだと申し上げたい。

ネイチャー誌などでも、「日本発の論文数が減っている」などと書いて危機感をあおり、日本の科学予算を増やして自分の雑誌の購読数を増やそうとしているようだが、そういうプロモーション記事を書いている科学ライター自身が、たぶん、論文はもちろん自社の雑誌も読んでいないのではないか。そう考えざるをえないケースがいくつもある。

私はここ数年、「ネイチャー誌で日本人の論文が出たら、まず間違いなく、質が高くておもしろいですよ」と科学者に申し上げてきた。クーンのいう普通の論文、つまり今の科学のパラダイムの中のこまごました論文ではなく、少しでもその殻を破ろうとするものを探すと、多くが日本人科学者による論文だということなのだ。

もちろん、そこには私が日本人であるというバイアスが少しかかっている。しかし、ノーベル賞を持ち出したくはないのだが、二一世紀に入ってからの受賞数を国別比較したら、日本はトップクラスにあるではないか。そして、私のいうアシスト賞を入れたら、一番になる可能性さえあるのではないだろうか。

科学の論文数でなく、質のことを考えれば、世界の科学の停滞状況を救えるのは、日本しかないとまでは言わないが（本音では日本しかないと思っているのだが）、少なくとも日本の役割は非常に大きいと考えざるをえない。そのことを、私たちはしっかりと認識すべきだ。

「遅れているモデル」の脱却

日本からはたくさんの優れた理学や工学の成果が生まれている。ところが、そうした「プラス面」をいかに評価したらよいのか、きちんとした仕組みができていない。

例えば予算要求などが典型だと思うのだが、これだけ日本で世界一流の成果をあげながら、相変わらず、研究費が必要な〝根拠〟として、「アメリカやヨーロッパと比較して見劣りがする」（日本経済新聞二〇一三年八月八日付）といった主張が消えない。

科学者の中にも、「自分が属している研究分野は、アメリカでは大きな予算が出ている」などという根拠のない話を公然とする人が結構いる。あまりにも事実と異なるので、統計表を出して見せたこともあるのだが、何のことはない、国全体としてはせいぜい同じ程度なのだが、その科学者があげた人はアメリカのリーダー格で多くの競争的資金を力で獲得していたにすぎなかったのである。こういうずるい論議をする人がいるので要注意だ。

ただ、要するに「遅れているモデル」は、日本社会ではなお、予算獲得に非常に有効であるらしい。知り合いがいないので確かめたくても確かめられないのだが、本当に財務省の予算仕切り人は、今でも「アメリカに比べて遅れている」と言えば、予算を出してくれるのだろうか。個人的には、もうこの「日本は遅れている」という変な論理は、卒業したほうがいいと思う。

若手研究者の武者修業を支援すべき

ついでに、もう一つ、興味深い例をあげよう。巷間言われているように、最近の若い研究者は、留学するケースが少なくなっているという。いろいろな人が指摘しているように、外国に出て武者修行することは、アイデアを磨いたり、議論を闘わせたり、知人を得たり、研究者として多くのメリットがあるという。その通りであろう。ネットのやり取りは増えたが、やはり顔を知っているのとそうでないのでは、雲泥の差があるに違いない。

本書のテーマである「日本人の科学」という意味でも、外国の科学者の発想や知識を知っておくことは、日本語の豊かな科学を育てる上で、きわめて重要な要素と考えられる。したがって、ぜひとも、若い研究者には、たとえ短期でもいいので、外国で研究生活を送る経験を積んでいただきたいと思う。

ただ、この話から単純に、「外国に留学しない日本の研究者は問題だ、だらしない」ということにはならない。なぜ、日本の若い研究者は外国に留学しないのだろうか。古い人にはたぶんわからないと思うが、その一番の理由は、十中八九、日本の研究レベルが高くなってしまい、留学するメリットが薄れてしまったからだ。

これはネイチャー誌のネットを使ったアンケートで示されていたことだが、世界で最も研究者が国内に引きこもりがちな国はどこか、ご存じだろうか。日本でもドイツでもない。圧倒的な一番は、実はアメリカなのだ。アメリカの研究者の大半は、留学経験がない。なぜか。そう、外国に出て行く必要がないからである。

二番目が日本で、アメリカの例を勘案すれば、日本ももう、留学という行為の実利がほとんどない、ということなのであろう。ちなみにドイツの場合、海外で研究生活を送ることが必須キャリアと決められているそうだ。しかし、いったん海外に出たら、その日からもう、ドイツ国内の大学や研究機関のリクルート広告と首っ引きになるという。できるだけ早くドイツに戻ること、それが留学したドイツ人研究者の一番の関心事なのだ。

一方、独立心旺盛なバイキングの血をひく英国の若者は、いまなお、どんどん外国に出ていく。ネイチャー誌も英国の雑誌であり、そうした国境を越えて移動することの価値を、声高に強調している。でも、ここでの話からわかるように、英国で育った研究者のタマゴは、何のことはない、英国に残っていても就職できないということなのだ。だから外に出て行かざるをえないのである。見かけと実態は別だということで、日本人は少しは胸を張っていいと思った。

つまり、日本の若い研究者が外に出ようとしないのは、たぶん大筋において、留学が必要ないからである。しかし、異文化に接して刺激を受けること、特に若い瑞々しい年代に海外生活を経験することは、英語コミュニケーション能力の向上も含めて、得るものは多い。だとすれば、科学政策として、若手研究者が海外に出ることを支援する仕組み、外に出ると得をする仕組みを、いまこそ積極的に考えるべきである。小学生からの英語教育より、こちらの方がまず優先されるべきだ。

断っておくが、ここでの議論はあくまでも研究者に関して述べている。いま日本の大学では、学生を海外留学させるのが大流行しているという。これについてとやかく言う資格は私にはない。私が申し上げたいのは、研究者として独り立ちしていくために、立派な科学者に育つために、ある程度の基礎固めができた段階で、ぜひ海外に武者修行に出かけるべきだということだ。そういう研究者をたくさん見て、海外での研究経験はとても役に立っていると感じるからだ。それが日本語による科学の充実にも貢献すると思っている。

日本はいまや、科学助成金制度まで真似される

日本人研究者の研究内容だけでなく、それを支える科学助成金制度についても、世界が日本に注目し始めている（「産官学連携ジャーナル」二〇一〇年九月号参照）。なぜ、日本はおもしろくてユニークで素晴らしい科学技術の成果を次々と生み出すのか。どこに秘密があるのか。少なくともそう認識している科学政策立案者が、外国にいるらしい。

日本の研究助成金制度として最も世界的に知られているのが、戦略的創造研究推進事業のＥＲＡＴＯやＣＲＥＳＴ（さきがけ）である。それは助成のターゲットを「テーマ」から「人」へ移そうという潮流の先駆となったものだ。この日本発の制度を真似する形で、例えば生物医学分野で英国最大の民間助成財団ウェルカムトラストは、二〇一〇年度から「研究テーマでなく、研究者個人」を支援する制度に変更した。その助成金総額は約一六〇〇億円で、同分野の英国の公的助成額の約四分の一に相当する。

ネイチャー誌二〇一一年一月七日号では、一〇年先の科学を見通す特集記事の中で、カリフォルニア工科大学のデビッド・ボルティモア博士（一九三八〜）らが、米国の医学生物学分野で最大の資金提供機関でもある米国立衛生研究所（ＮＩＨ）のあるべき姿を提言している。その中で

も、「研究資金の提供の基準は、提案されたプロジェクトの詳細ではなく、応募者個人の評価に重きを置くよう、NIHを大変革すべきだ」と強く主張している。

三〇年も先を進んでいたERATO

ERATOは、一九八一年に新技術開発事業団（現JST）が始めた創造科学技術推進事業のことである（現在は、戦略的創造研究推進事業ERATO型研究という名前になっている）。これは、私のような科学ジャーナリストにとっても、まさに記憶に残る画期的な新制度だった。その趣旨に、次のような文言があった。

「基礎研究は白紙に絵を描くようにお手本がありません。芸術のように才能と努力と運が支配的要件であります。つまり人であります。人（研究員）の才能と意欲を見抜くのもまた人（研究総括）であります。こうして伯楽と天馬のシステムは生まれました。研究総括の指揮のもとにグローバルな産学官から参加した若手研究員は、天空に天馬がはばたくように、新しい科学技術の流れをつくる研究を行っています。」

そして、第一期の四プロジェクトは次のような内容だった（肩書きは当時）。

・林超微粒子プロジェクト＝統括責任者・林主税氏（日本真空技術株式会社社長）。この研究は、ナノテクノロジーの先駆けだった。

・増本特殊構造物質プロジェクト＝統括責任者・増本健氏（東北大学金属材料研究所教授）。

増本氏はアモルファス合金の先駆者だった。

・緒方ファインポリマープロジェクト＝統括責任者・緒方直哉氏（上智大学理工学部教授）。

分子設計で高度な付加価値を持つ高分子材料を目指した。

・西澤完全結晶プロジェクト＝統括責任者・西澤潤一氏（東北大学電気通信研究所教授）。

ガリウムヒ素など、化合物半導体時代を切り開いた。

最初の四人の中に東大教授が一人も入っていない。これは画期的な実力主義であった。プログラムを担当されていた千葉玄弥氏にもいろいろ話を伺ったが、その最大の眼目こそ、まさに「人に投資する」ということだった。

その後のＥＲＡＴＯの成功は、説明する必要はないと思う。外国人も含め、何人もの科学者から「ＥＲＡＴＯは、世界で最もよく認知された日本のプロジェクト（助成金制度）ですね」という指摘を受けた。二〇一〇年四月一五日号のネイチャー誌記事にも、「日本国内で最も権威があり、また最も高額の資金を提供してきた科学技術振興機構による助成金」という記述があり、これがＥＲＡＴＯや、同じＪＳＴ戦略的創造研究推進事業の「さきがけ」などを指していることはいうまでもない。

米国科学財団（ＮＳＦ）が調査に来た

ＥＲＡＴＯが世界中の科学政策担当者から注目されてきたのは、ほぼ間違いない。かつてＪＳ

Tに勤めていた藤川昇氏によれば、プロジェクト発足から二〜三年後、米国科学財団（NSF）が日本に大調査団を送り込み、ERATOを一週間にわたって徹底的に調査・研究したことがあった。ERATOの支援メンバーのほぼ全員から詳細なヒアリングを行ったほか、関連する地方の大学などにも出向いて調査したそうだ。忘れてはいけない歴史的事実であろう。

成果という面では、最近では、審良静男大阪大学教授（ERATO審良自然免疫プロジェクト）、山中伸弥京都大学教授（CREST）が強烈なインパクトを与えたと思われる。特に審良教授の研究はワクチンなど実用に直接結びつくため、米英を焦らせたに違いない。真似しようという意思が働いたと見ると、医学生物学の研究は、ウェルカムトラストの新制度はきれいに話の筋が通るからだ。いうまでもなく、医学生物学の研究は、特に米国と英国が、国家戦略として強力に推進してきたターゲットである。次なる産業のタネ、そこでのヘゲモニーの獲得という戦略も見え隠れする。それゆえ反応も敏感なのだ。

日本のERATOは世界の三〇年先を進んできたと言って間違いない。そのサクセスストーリーを世界が追いかけ始めたのだ。

ピアレビューの限界を超えて

なぜ、研究助成金を、テーマでなく人に出そうというのだろうか？　これは三〇年前の千葉玄弥氏（これらの仕組みを作り育て、その後JST理事を務めた）のように、科学者自身というよりは、科学技術政策の専門家たちが頭を悩ませてきた課題だった。「独創的な科学技術こそが、長い目で見れば大きな国益になる」という動かしがたい事実を、いかに政策として実現したらよいのか。具体的に言えば「ピアレビューの限界」をいかに超えるか、であった。

すでに紹介したが、論文の審査にせよ研究費の申請にせよ、科学技術の世界における審査の基本原理がピアレビュー（専門家による評価）である。高度な専門的知識が必要になる「選別」においては、素人の口出しは「百害あって一利なし」。事業仕分けではないが、本質を外してトンチンカンな話になりかねないからだ。そこで、対象になっている研究に最も近い専門研究者を複数選び出し、彼らに評価・判断をゆだねるのだ。

このピアレビューは最も合理的な審査方法であるとされ、世界中で採用されてきた。専門家の誠実性と民主的な公正さを前提にした選択方式とも言える。しかし、明らかなマイナス面もある。民主的であるがゆえに、非冒険的、月並みな決定になる傾向が強い。意図すれば、ボスの意向や仲間うちのお手盛りで決まる危険性もはらんでいる。この悪い面が、近年ますます目立っているのだ。

一方で、いくら手続きが民主的でも、その成果が問われるのは助成機関の宿命だ。特に公的資金の政策担当者は、税金の有効活用という責務もあって、成果を強く意識せざるをえない。ある意味で、科学者自身よりシビアに反応する面がある。ところが、革新的・画期的な成果をめざすような場合、専門科学者にまかせておくと、十中八九、その種の可能性をもった候補が選ばれない。なぜかと言えば、専門家でさえその重要性に気がつかないようなテーマでないと、真に新しい仕事ではないからだ。

このような場合、少なくとも、科学者の多数決的発想（つまりピアレビュー）ではうまくいくはずがない。そこで採用されたのがＥＲＡＴＯ方式と言ってよい。それは、政策担当者が影の主役となって、候補者を時間をかけて探し出し、詳しく調査し、その研究者の能力を見極め、候補に推薦する、あるいは申請書を出してもらう、という方式だ。ＥＲＡＴＯなどでは、約三億円×五年（金額には若干ばらつきがある）のプロジェクトリーダーを選ぶためだけに、約一年という期間を費やした。候補者一〇〇〇人から一〇人まで絞り込み、さらにそこから複数名を最終的に選んでいるという（公開文書などによる）。

見かけ上、この方式は民主的というより、独断的と言える。しかし、審査・選択のプロセスに多くの時間をかけて、丁寧に選び出しているため、別の意味の合理性を持っている。政策担当者の中に専門家が養成され、しかも、ピアレビューの最大の問題、つまり「極端に尖った興味深い野心的テーマが選ばれにくい」という欠点を、はっきりと乗り越えている。

以上、ここでは日本の科学の質の高さを支えているものに、丁寧で真面目な科学研究費助成金の仕組みがあるのではないか、という仮説を提示した。ＥＲＡＴＯが世界的に有名で、できれば真似したいと考えている科学政策立案者が世界中にいることは、ほぼ間違いのない事実である。

しかし残念ながら、助成金決定の仕組みは、日本の文科省科学研究費補助金も含め、世界中でピアレビュー方式が支配的である。しかし、何度も言うが、この制度は、科学者にとっては民主的であるが、国民全体から見れば、決して民主的でも合理的でもない。唯一この制度が支持されるとすれば、それは、科学者が自己利益に走ることなく、公共の利益に立った公正な審査を実行する、ということである。

創造科学技術立国という目標は、科学技術基本法でうたわれているものである。内閣府や文科省や科学技術振興機構といった機関は、この基本法にそって努力しなければならないのだ。日本人のノーベル賞受賞も、油断したり間違った政策を実行すれば、すぐに年中行事ではなくなってしまう。真面目な努力をやめてはいけないと思う。

シミュレーションにだまされるな

今の科学をつまらなくしているものにシミュレーションがあると思う。正確に言えば、シミュレーションそのものではなく、その使い方だ。もちろん、分子動力学シミュレーションなどは化学の基礎であり、大事な役割を果たしている。注文をつけたいのは、温暖化モデルとか津波予想モデルのシミュレーションの使い方だ。

これだけ温暖化、温暖化と言われるので、地球温暖化が科学的に証明されたか、あるいは確度の非常に高い理論モデルであると、多くの人が誤解しているのではないか。断っておくが、地球温暖化モデルは、いまなお、決して証明されたことのない「単なる仮説」でしかない。いくら屋上屋を重ねても、証明されていないという事実は変えようもない。そもそもシミュレーションという言葉には、見せかけ、仮病、模造品といったネガティブな意味もあることを忘れてはいけない。

例えば、「地球の平均気温」を考えてみればよい。大気温度は、地上からの高さによって変わるし、一メートル横に歩いても温度分布は違う。海の上、森の上でみな違う。二酸化炭素濃度だってそうだ。平均濃度らしきものはあっても、温度が異なれば、あるいは風が吹けば、濃度も変化する。想像できるように、地球上のすべての場所で、温度も組成も異なるのが地球大気だ。いったいどこのいつの温度を観測して、何か所のデータを集計したら、地球大気の「平均」が得られるというのだろうか。時間変化だってある。朝と昼ではみな違う。何万か所のデータを集めて平均すればいいのだろうか。

そう。観測で特定できる地球の平均気温など、この世には存在しないのだ。あるのは、シミュレーションのモデルにおける「平均気温」であって、それは架空の存在でしかない。現実とはほとんど無関係といってよいものだ。そういうものを、まるで天のお告げのように振り回す気候学者とは、いったい何者なのであろうか。

シミュレーションというのは、理論つまり仮説に基づくものである。しかし、特に、仮説以降に関しては、けっこう精密な理論計算であることが多い。だから始末におえない面がある。例えば温暖化がどういう形で起こるのか、本当に確実に証明できるのであれば、それがどんな形で地球全体の空気の流れを作るのか、海面上昇がどんな分布で起こるのか、細かな計算は可能になる。ところが、一番肝心な出発点のところが、かなりいい加減で、決定的に不明確なのだ。わからないことが山ほど残っているのである。これでは、いくら信じろと言われても疑い深い私には無理である。

津波のシミュレーションもそうだ。内閣府中央防災会議の想定のように、もしマグニチュード9の巨大地震が南海トラフで連動して起こるのであれば、たぶん、高知の海岸に三三メートルの大津波が押し寄せるのであろう。しかし、肝心のマグニチュード9の巨大地震が想定のように起こる保証など、たぶん皆無なのだ。だいたい、東海地震・東南海地震・南海地震という三つもの巨大地震が連動して起こる可能性など、ゼロに近いであろう。その一つ東海地震さえ「今後三〇年以内に発生する確率は八七%」（文科省地震調査研究推進本部、二〇一一年）と曖昧なのに、である。たとえ連動だとしても、時間差があるはずだ。そもそも、三つの地震がいっしょに起こるSFのような話など、独立事象の確率であれば桁違いに少なくなるはずだ。

中途だけが正しいとしか言えない

ここで間違えないでほしいのは、出発点がウソであっても、シミュレーションのところは、科学的にほぼ正しいということである。だから、シミュレーション計算を担当する科学者は、その社会的影響などあまり考えずに、平気で結果を発表することができる。「そもそも」の部分は自分の担当ではないことも大きいだろう。しかし、理屈は合っていても、これはひどい話だと思うし、だから、シミュレーションが科学をつまらなくしているのだとも思う。

シミュレーションは理論と実験の間をつなぐものであり、科学において大事な役割を果たしてきた。にもかかわらず、ここで述べたように、最近は科学をつまらなくさせている面が目立っている。その根本的な理由の一つは、シミュレーションが結局のところ、モデルを作った科学者の脳の仮想世界を離れられないからではないだろうか。事故や失敗も、こうしたことと無関係ではないかもしれない。そもそも科学は自然を相手にする。自然はなお多くの謎に富み、平気で人間の予想を裏切ってくれる。だから科学はおもしろいともいえる。そう私は思う。

おもしろい科学、つまらない科学

はっきり言って、準結晶、超新星、超伝導などが登場した一九八〇年代に比べ、最近の科学はおもしろくない。おもしろいテレビ番組とつまらない番組があるだろう。映画だって音楽だって芝居だって小説だって、おもしろいものとつまらないものがある。科学にもそういうものがあるのだ。先にあげた日高敏隆博士の言を借りれば、「ほしいのは新しい仮説であり、新しい感覚である。それは自分が実存的に生きてゆくことの問題であって、科学の殿堂に対する貢献の問題ではない」という研究テーマのことだ（『動物はなぜ動物になったか』一二三ページ）。近ごろ幅を利かせている科学は、革新性が少なく、科学者の大胆な提案や仮説もめったに出て来ない。

名誉のためにも申し上げておくと、総体としての比較論を言っているのであって、全部がおもしろくないというわけではない。何度も紹介したが、藤田誠博士の化学は非常におもしろい。海洋研究開発機構（JAMSTEC）の高井研博士（一九六九～）は、地殻の中から生命の可能性を見つけたり、海の底で貴金属や希少資源の宝さがしをやっていて目が離せない。同じJAMSTECの出口茂博士（一九六六～）は、四〇万Gという猛烈な加速度環境の中でも平気で微生物が生育することを見つけている。こういう科学者らしい科学者が、日本にはいる。

材料関係でも、東京工業大学の細野秀雄教授は非常におもしろい。鉄系超伝導とか透明の酸化物半導体IGZOなど、発想が実に豊かだからだ。それに引き換え、いくらノーベル賞をもらったといっても、英国のグラフェンの研究はつまらない。新しい科学も生まれそうにない。

科学にはお金（研究予算）よりもずっと大切なことがある。それが例えば、ユニークな発想、視点、ものの考え方といったものだ。山中伸弥博士の発生生物学や再生医学は、それがあるがゆえにおもしろい。しかし、分子生物学やバイオテクノロジーが幅を利かす生命科学は、大きな研究資金が投じられ、論文を山ほど出しているにもかかわらず、総じてつまらない。日本だけでなく世界的に見てもおもしろくない。

そして、ゲノム関係の話がまったくおもしろくない。ヒトゲノムが解読されて、何か画期的な発想でも得られただろうか。チンパンジーと遺伝子の数がいくらか違っていたからといって、それがどうなのだろうか。病気か薬かの話で、貢献でもあったのだろうか。ただ、日本人による農業関係の植物ゲノム研究は非常におもしろい。

パラダイム転換は日本から

こういう時代、『科学革命の構造』を書いたトーマス・クーンであれば、今の混迷したパラダイムを超えた、何か画期的な発見や道しるべが登場してくるはずだと言うかもしれない。とくに生命科学の分野で、それが期待されている。でも、いまのバイオの主流に期待をしてもむなしい気がする。

そもそも「分子生物学」と言いながら、生物学の要素がゼロに近いのが現在の分子生物学なのだ。分子物理学、分子化学ばかりである。もっと真面目に、真剣に生命現象の本質に迫るべきである。この分野では、日本の科学もつまらない方向に変容してしまっているように見える。油断すると、せっかく作り上げてきた日本の科学の良さが台無しになりかねない。注意は必要だ。以上は実感と推定に基づく警告である。

それでも大きく見たとき、私は日本の科学と技術に大いなる期待を持っているし、可能性も感じている。それはやはり、「日本語の科学」というかけがえのない知的財産を信じているからだ。日本独自の生物物理学を創始した大沢文夫博士は、著書『飄々楽学』の中でこう書かれている。「モレキュラーマシン」と日本語の「分子機械」の言葉のニュアンスが異なることを議論したあとで、捉え方が違えば結論も別のところに行ってしまうという大事な懸念を表明され、そして、こう指摘している。

「……言葉は思想や文化の反映だけど、西欧と日本ではそれが全然違うことが、こんなところにも厳しい形で現れている、そのことを再認識しました。科学は英語でやるのも日本語でやるのも違いはないと思っている人は多いけど、背後にある文化を含めて考えれば、そうとも言えない。日本語の科学もまんざらではないんですよ。」

この穏やかな表現に秘められた確固たる信念と誇りを、日本人科学者はきちんと引き継いでいかねばならない。そしてそれが、世界の科学を正しく動かす力となるにちがいない。そう私は信じている。

あとがき

人間が犬に咬まれてもニュースではないが、人間が犬を咬めばニュースとなる。だから、普通の話や良い話は、ほとんどニュースにならない。その意味では、科学や技術というのは、この原則が外れた珍しい分野といえる。日本人のノーベル賞受賞が決まれば大ニュースとなるし、科学の新しい発見はニュースになる。技術の新しい発明もまたニュースである。

もちろん、科学や技術が原因となる事故や事件もあり、マイナス面がニュースとなるのは政治経済社会の分野と同じである。東日本大震災も、地震そのものは科学ニュースの範囲であるが、大津波で被害が明らかになると、社会ニュースに変容する。福島第一原子力発電所事故もまったく同じ経緯をたどっている。社会ニュースに変容したとたんに、冒頭の原則が適用され、マイナス面でなければニュースにならなくなってしまう。汚染水処理施設が故障したことは伝えられても、修理が終わって再稼働した話は伝えられない。だから、多くの人は汚染水処理がなおまったく進んでいないと思ってしまう（それでも最近は、少しは報道されるようになった）。

事故や事件を伝える報道記者は、「ウォッチドッグ＝番犬」であり、基本的に、マイナス面をつくという執筆スタイルを超えられない。一方、高度な知識に基づいて科学的内容を伝える必要のある科学記者は、「チアリーダー＝応援団」となるプラスの書き方には慣れていても、批判記事を書く機会がほとんどない。両者の差は大きい（二〇〇九年六月二五日号のネイチャー誌の特集がよい参考になる）。

そもそも、良いこと、プラスのことを書く行為は簡単ではない。論理的にいえば、何かを良いことと書くのは不可能に近い。なぜなら一つでも例外事項があれば、その論理は破綻してしまうからである。

しかし、悪いほうは大丈夫だ。例えば、処理施設のパイプからほんの少しでも汚染水が漏れれば、「装置に不備が見られるが、これは東京電力の管理がいい加減だからだ」などと書いても、論理的に破綻しないから自信を持って書ける。たとえそれが、細心の注意を払って、厳しい管理の下に納入されたものであり、直ちに修理可能なものであっても、である。

数学の背理法が典型的だが、反証は一つで十分である。論理的に正しくなる。しかし、正しい命題の証明は、例を無限にあげ続けなければならない。それは不可能だ。これが論理の非対称性である。

なにをごちゃごちゃ書いているかというと、ここで私が述べた内容は、決してウソではないのだが、かといって本当だと論理的に証明できるわけではないことを申し上げたかったからである。例外現象らしきものなど、簡単にさがし出せるであろう。

そういう細かい話はいらないので大きな話を聞きたい、という読者を勝手に想定し、日本の科学、日本語による科学の長所について書いてみたのが本書である。きちんと言えば、「日本人の科学を肯定的に観察するとこう見える」という話を書いた。執筆を勧めてくれたのは、『市場と権力』（講談社）で二〇一三年の新潮ドキュメント賞を受賞された（その後、大宅壮一ノンフィクション賞も受賞された）佐々木実氏である。彼の専門の経済現象ないしは経済学と、私の専門の科学技術について、ここ一〇年近く、折に触れて比較したり議論をたたかわせたりしてきた。

日本の科学技術の本当の長所や強さは、日本社会の中では正しく理解されていないのではないか。だとすれば、映画評論や音楽評論のような形で、科学技術の話を書いた本があってもいいのではないか。福沢諭吉の『学問のすすめ』の現代語訳（斎藤孝訳、ちくま新書）を読んでいたら、「他人が書いた本を批判したかったら、自分でも筆をとって本を書いてみよ」というところを見つけた。これで本書を書く勇気が出た。

日本の科学史・科学哲学の研究者は、科学や技術のマイナス面について多くの評論を書いてきた。しかし私は、それが当たっていないと思ったことがたびたびあり、否定的視点が真理に迫るばかりではないと感じてきた。しかし、肯定的な考察というのは、すでに述べたように簡単にできる作業ではない。だから控えめに「肯定的な観察」と言わせていただく。この四〇年近く、私は科学編集者として、世界の科学と技術について、実際の研究内容をフォローしてきた。この点については、欧米の同業者にも決して負けないと思っている。

本書を通じて、現在の日本の科学が持っている真の実力の一端を直観していただけたら幸いに思う。二一世紀に入ってから、これだけたくさんの日本人がノーベル賞を受賞しているのは、きちんとした理由がある。私はそう思っている。だから、『坂の上の雲』の中で司馬遼太郎さんが言うように、良いことも悪いことも含めて、ここに至る道筋をきちんと記述し、評価し、分析しておくべきだと思っているのだ。それとともに、この素晴らしい活性状態や環境が維持継続されるよう、科学ジャーナリストとして、科学編集者として、少しでも努力を続けたいと思っている。

相棒の鳴瀬久夫君はすばらしい読書家で、折に触れて私が欲しい文献をそれとなく机の上に置いておいてくれる。今回もたくさん用意してくれたが、本書の第一稿を書き終わってからしばらくして、司馬さんの『ニューヨーク散歩』（朝日文芸文庫、街道をゆく39）があるのに気がついた。

このエッセイは、司馬さん一行が一九九二年三月初めにニューヨークを訪れた際のエピソードが中心に書かれている。そのお祝いの会に、司馬さん一行がニューヨークのコロンビア大学のドナルド・キーン教授の定年退官の中で、まさに私がこの本で書いたテーマそのものを、発見してしまった。当時の日米経済摩擦がひどい状況でなければ、司馬遼太郎さんはこのお祝いの席で、明治国家が欧米文明を日本語化するという困難な作業を成し遂げた話をするはずだったのだ（同書一四八ページ）。講演は「日本仏教小論」に変更になってしまったが、その後、司馬さんがもとのテーマで講演されたり文章を書かれたりしたのかどうか、確認できていない。
エドウィン・ライシャワー氏が駐日大使だったころ（一九六一～六六）、旧英国領だった某国の大臣が日本に来て、政府や経済界の要人と会ったそうだ。多くの日本人が英語をうまく話せず、その大臣はライシャワー氏に「日本には、まともな教育を受けた人はいないのか」とこぼしたという。そのアフリカの某国は植民地時代もその後も、教育は英語でなされていたから、大臣はそう言ったのだ。そこでライシャワー大使は、「日本では、一八六八年の明治維新以来、法制も学問も教育もすべて日本語でおこなわれてきたんです。むろん教科書も学術書も。だから、日本人の多くは、英語が話せません」と説明した。すると大臣は「信じられない」と言ったという。教科書が日本語で書かれているという事実に対して、である。

最後に一つだけ、議論の種を提示したい。科学史家トーマス・クーンはパラダイムという大きな概念を提案し、それによって科学の歴史的変遷を説明した。プトレマイオスの天動説に対するコペルニクスの地動説、ニュートンの万有引力に対するアインシュタインの相対性理論などである。それに文句をつけるわけではないが、科学の現場を見ていると、このような大きすぎる概念では、何も見ないのと同じだと思ってしまう。日々の科学を前に進めるもの、それは仮説だと思う。誤った仮説であっても、原動力になるのだ。私はそれもパラダイム、小さなパラダイムだと考えていて、本書でもその意味でこの言葉を使った。

西欧の科学はまず仮説ありき、という学問の進め方をすることが多い。仮説段階は正しくても間違っていてもかまわない。最終的に正しい世界が見えればよい、ということである。このような強引に仮説を立てる力は、日本の科学ではまだまだ弱いとも思う。ただ、そういう「ねじ伏せるようなアプローチ」は、日本人科学者には抵抗感がある。日本人的感覚から言えば、「強引すぎる、不自然だ」という印象になる。

日本の科学はまず、自然の摂理のようなものを感じ取って、それを十二分に活かすような方向に研究を進めていく。そしてそこから、本当の自然の秘密を引き出すのだ。西澤潤一博士の化合物半導体の結晶成長法など、まさにその典型ではないかと感じる。これも日本の伝統的実学の一つの行き方だ。日本料理や伝統技術などの職人の世界に今も生きている精神ではないか。日本発のゲームやアニメや芸術が世界で支持を集めている理由とも近いのではあるまいか。証明はできなくても、思いをめぐらせる作業はとても楽しい。

そんな道楽に最後まで付き合ってくれた友人知人に感謝しなければならない。先にあげた佐々木実氏、それに日本経済新聞社出版局時代の先輩でミリオンセラー編集者の内田勝晴氏、科学技術振興機構の「産官学連携ジャーナル」編集長の登坂和洋氏。ともに文系の視点から書き直すべき点を鋭く指摘してくれた。大澤研二・群馬大学理工学部教授からは、研究教育現場からの貴重な示唆を数多くいただいた。同僚の鳴瀬久夫氏も含めて、深く感謝したい。

そして何よりも、粗くて荒い原稿を細かく読みこみ、的確な指示と適切な編集作業をしてくださった筑摩選書の磯知七美編集長に心より御礼申し上げる。

二〇一四年一一月

松尾義之

おもな参考文献

雑誌

日経サイエンス（創刊号より）

ネイチャー・ダイジェスト（二〇〇九年七月号〜二〇一三年一二月号）

ネイチャー（二〇〇九年七月二日号〜二〇一三年一一月二九日号）

産官学連携ジャーナル（二〇一一年八月号、二〇一〇年九月号）

単行本

『青色ＬＥＤ開発の軌跡――なぜノーベル賞を受賞したか』小山稔、白日社、二〇一四年（『青の軌跡』〈二〇〇三〉の改訂版）

『赤の発見 青の発見』西澤潤一・中村修二著、白日社、二〇〇一年（改訂版二〇一四年）

『江戸時代の科學』東京科學博物館編、博文館、一九三四年

『江戸の科学者たち』吉田光邦、現代教養文庫６６４、社会思想社、一九六九年

『新編・おらんだ正月』森銑三著、小出昌洋編、岩波文庫、二〇〇三年

『科学革命の構造』トーマス・クーン著、中山茂訳、みすず書房、一九七一年

『科学論入門』佐々木力、岩波新書、一九九六年

『神風がわく韓国――なるほど、なるほど！　日常・ビジネス文化の日韓比較』吉川良三、白日社、二〇〇一年
『北里柴三郎 破傷風菌論――生の場』北里柴三郎・中村桂子著、哲学書房、一九九九年
『極限微生物と技術革新』掘越弘毅、白日社、二〇一二年
『言海』大槻文彦、ちくま学芸文庫、二〇〇四年
『現代語訳 学問のすすめ』福沢諭吉著、斎藤孝訳、ちくま新書、二〇〇九年
『現代語訳 文明論之概略』福沢諭吉著、斎藤孝訳、ちくま文庫、二〇一三年
『現代物理学の思想』ウェルナー・ハイゼンベルク著、河野伊三郎・富山小太郎訳、みすず書房、一九五九年
『シュレーディンガーの思索と生涯――波動のパラダイムを求めて』中村量空、工作舎、一九九三年
『シラードの証言』レオ・シラード著、伏見康治・伏見諭訳、みすず書房、一九八二年
『真空考――豊かなる無の世界へ』林主税、白日社、二〇一一年
『数学プロムナード』矢野健太郎、学生社、一九七七年
『生物進化を考える』木村資生、岩波新書、一九八八年
『零戦――その誕生と栄光の記録』堀越二郎、角川文庫、二〇一二年
『漱石文明論集』夏目漱石著、三好行雄編、岩波文庫、一九八六年
『ダーウィンと家族の絆――長女アニーとその早すぎる死が進化論を生んだ』ランドル・ケインズ著、渡辺政隆・松下展子訳、白日社、二〇〇三年
『ダーウィンの生涯』八杉竜一、岩波新書、一九五〇年

『旅人――ある物理学者の回想』湯川秀樹、角川ソフィア文庫、一九六〇年
『手入れ文化と日本』養老孟司、白日社、二〇〇二年
『動物はなぜ動物になったか』日高敏隆、玉川大学出版部、一九七六年
『西周全集』（全四巻）大久保利謙編、宗高書房、一九六〇年
『日本の科学思想――その自立への探索』辻哲夫、中公新書、一九七三年
『日本科学古典全書』（の一部）朝日新聞社、一九四六年
『ニューヨーク散歩』司馬遼太郎、朝日文芸文庫、街道をゆく39、一九九七年
『脳の中の幽霊』V・S・ラマチャンドラン著、山下篤子訳、角川書店、一九九九年
『俳句と地球物理』寺田寅彦、角川春樹事務所ランティエ叢書、一九九七年
『ヒトの見方』養老孟司、ちくま文庫、一九九一年
『飄々楽学――新しい学問はこうして生まれつづける』大沢文夫、白日社、二〇〇五年
『未解決のサイエンス――宇宙の秘密、生命の起源、人類の未来を探る』ジョン・マドックス著、矢野創ほか訳、ニュートンプレス、二〇〇〇年
『明治の化学者――その抗争と苦渋』廣田鋼蔵、東京化学同人、一九八八年
『もし、日本という国がなかったら』ロジャー・パルバース著、坂野由紀子訳、集英社インターナショナル、二〇一一年
『湯川秀樹日記――昭和九年：中間子論への道』湯川秀樹、小沼通二編、朝日選書、二〇〇七年
『理科系の作文技術』木下是雄、中公新書、一九八一年
『The Structure of Scientific Revolutions』Thomas S. Kuhn, The University of Chicago, 2012.

松尾義之　まつお・よしゆき

白日社編集長、科学ジャーナリスト。東京農工大学非常勤講師（技術者倫理）。一九五一年東京生まれ。七〇年、都立国立高校卒業。七五年、東京農工大学工学部応用物理学科を卒業し、日本経済新聞社に入社、「日経サイエンス」編集部に配属。九五年、科学出版部次長（「日経サイエンス」副編集長）。八五年から一一年間（約五五〇回）、TV東京系列の科学技術番組「シンクタンク」のキャスターも務めた。九八年、日本経済新聞社出版局編集委員。二〇〇〇年八月に退社し、二〇〇一年八月より現職。二〇〇六年から約二年間、東京電力発行の社会貢献科学雑誌「イリューム」編集長を務め、二〇〇九年より四年半、ネイチャー・ダイジェスト誌の事実上の編集長を務めた。著書に『日本の数字――データが語るこの国のゆたかさ』（白日社）などがある。

筑摩選書 0107

日本語の科学が世界を変える

二〇一五年一月一五日　初版第一刷発行
二〇一五年九月三〇日　初版第四刷発行

著者　松尾義之
発行者　山野浩一
発行所　株式会社筑摩書房
東京都台東区蔵前二-五-三　郵便番号　一一一-八七五五
振替　〇〇一六〇-八-四一二三
装幀者　神田昇和
印刷 製本　中央精版印刷株式会社

乱丁・落丁本の場合は左記宛にご送付ください。

送料小社負担でお取り替えいたします。

ご注文、お問い合わせも左記へお願いいたします。

筑摩書房サービスセンター
さいたま市北区櫛引町二-六〇四　〒三三一-八五〇七　電話　〇四八-六五一-〇〇五三

 ISBN978-4-480-01613-3 C0340